NOUVELLES RECHERCHES

PHYSIQUES ET MÉTAPHYSIQUES SUR LA NATURE ET LA RELIGION, AVEC UNE NOUVELLE THÉORIE DE LA TERRE, ET UNE MESURE DE LA HAUTEUR DES ALPES.

NOUVELLES RECHERCHES

PHYSIQUES ET MÉTAPHYSIQUES

SUR LA NATURE ET LA RELIGION,

Avec

UNE NOUVELLE THÉORIE DE LA TERRE,
ET UNE MESURE DE LA HAUTEUR DES ALPES.

Par M. de Needham, *Membre de la Société Royale des Sciences, & de celle des Antiquaires de Londres, & Correspondant de l'Académie des Sciences de Paris.*

. . . . *Fungar vice cotis acutum*
Reddere quæ ferrum valet exors ipsa secandi. Hor.

SECONDE PARTIE.

A LONDRES;
& *A PARIS*,

Chez LACOMBE, Libraire, rue Christine, près
la rue Dauphine.

M. DCC. LXIX.

PRÉFACE
DE M. DE NEEDHAM.

LE célebre *Halley*, qui a rendu tant de services à la Physique & l'Astronomie, a imaginé sur la structure intérieure du globe terrestre, une hypothése qui favorise beaucoup la théorie suivante, tant sur la production des montagnes, que sur les causes physiques du déluge. Son systême est fondé sur la variation dans la direction du magnétisme, qui traverse successivement de l'orient à l'occident d'une maniere assez réguliere, & qu'il a lui-même observée dans les différens voyages entrepris uniquement pour prouver sa théorie.

Son opinion sur la structure de notre

globe, est que la surface extérieure de la terre, qu'il regarde comme une espece de croûte, ou de coquille, contient en dedans un globe intérieur ou noyau séparé de la croûte extérieure par un fluide qui se maintient entre les deux. Ce noyau ayant, selon lui, le même centre & le même axe commun, fait sa révolution avec la croûte extérieure en 24 heures, sans qu'il y ait dans les deux mouvemens aucune différence qui puisse se rendre sensible, à moins que ce ne soit dans un tems assez considérable ; mais à la fin la plus petite différence est devenue sensible, en se répétant, & par des additions continuelles. De cette maniere le noyau, ou la partie interne du globe, s'écartera tellement de la croûte, ou partie externe, que leurs axes se croiseront; & en s'écartant du centre commun son mouvement se manifestera en dehors par la variation du compas, qui se tourne successivement du côté de l'o-

PRÉFACE.

rient ou de l'occident. Ainsi dans la supposition que la croûte extérieure, ou la coquille, & le noyau intérieur soient deux aimants qui aient leurs poles respectifs à des distances différentes des poles de la rotation journaliére, M. *Halley* présume qu'il a donné une explication satisfaisante de la cause physique des quatre poles magnétiques démontrés, comme il le croit, par les phénomènes, & des variations de l'aiguille aimantée.

En effet sa théorie a été confirmée, non-seulement par les observations qu'il a faites dans plusieurs voyages entrepris pour la vérifier, mais aussi par celles des voyageurs de toutes les Nations de l'Europe, & nouvellement par Mylord *Anson*, qui dit à cette occasion » que les observa- » tions faites pendant son voyage * sur » la variation de l'aiguille aimantée, sont » d'autant plus remarquables, qu'elles » confirment l'admirable hypothése de

* Voyage d'*Anson*, chap. 8.

„ M. *Halley*, & qu'elles mettent le sceau
„ à sa réputation immortelle par leur
„ correspondance dans la quantité de la
„ variation prédite par ce grand hom-
„ me, & fixée par sa théorie pour les
„ différentes parties de la mer pacifique
„ cinquante ans avant son voyage, &
„ long-tems avant qu'on ait fait dans
„ ces mers aucune observation sur cette
„ matiere ".

Cette théorie, toute singuliére qu'elle peut paroître, quoique prouvée par les phénomenes de l'aiguille aimantée, n'est pas absolument nouvelle. *Kepler*, long-tems avant *Halley*, a expliqué les orbites ellyptiques des planétes, & a supposé qu'elles étoient composées chacune d'une croûte extérieure, qui faisoit sa révolution par un mouvement diurne qui lui est propre, & d'un noyau intérieur, dont le mouvement s'écarte un peu de celui de la croûte extérieure *.

* Astronomie physique de *Kepler*.

PRÉFACE.

Enfin, non-seulement M. *Halley* se sert très-heureusement de son hypothése pour expliquer tous les phénomenes de l'aiguille aimantée, mais il l'étend encore plus loin pour donner une raison physique de l'aurore boréale, en supposant que la vapeur lumineuse, ou électrique, dont notre globe est visiblement imprégné, & qui est, selon lui, contenue en grande abondance entre la croûte extérieure & le noyau intérieur, s'échappe par les poles de la terre en différentes quantités, pour produire ce phénomene si extraordinaire & si frappant par son éclat. M. *de Mairan* croit devoir l'attribuer à l'atmosphére solaire.

Une hypothése de peu d'étendue ne mérite guère l'attention des Philosophes; celle de M. *Halley*, bien maniée, se généralise, même au-delà des vûes de son inventeur. En effet, tout Physicien qui se trouve frappé par la singularité de quelques phénomenes isolés, s'occupe à imaginer un syftême pour les expliquer, fans confidérer fi cela peut s'accorder avec ce que la nature nous indique en la prenant dans toute fon étendue. On a pouffé cette extravagance fi loin, fous prétexte de nous faire comprendre pourquoi on trouve très-fouvent dans les terres au milieu de la Syberie, non-feulement des dépouilles de monftres marins de toute efpece, mais auffi des fquelettes prefqu'entiers d'éléphans, qu'il y a des Phyficiens qui croyent que les poles de la terre, & fon équateur, fe déplacent de façon, que chaque portion, ou pointe du globe, parcourt fucceffivement toutes les latitudes. Par ce moyen, non-feulement ils reculent l'âge du monde bien au-delà du terme fixé par la chronologie facrée, mais ils renverfent la phyfique entiere de la terre pour un phénomene ifolé, local & purement accidentel. Cela feroit moins abfurde, fi notre globe n'avoit pas une

PRÉFACE.

figure d'applatiffement phyfiquement déterminée aux poles actuels, & d'élévation qui ne peut fe déplacer, fous fon équateur. En effet, comment croire que l'équateur, & les poles actuels fe déplacent alternativement, fans concevoir que les différentes parties de la terre changent continuellement leur figure, ce qui eft une conféquence néceffaire des forces centrifuge & gravitante ? Et comment imaginer que leur figure étant une fois pofée comme elle l'eft aujourd'hui, elle puiffe jamais fe changer enfuite fans amener un défordre général? Des montagnes en chaînes inveftiffant toute la terre, formées de couches réguliéres, defféchées, endurcies, pétrifiées, chryftallifées, minéralifées, & s'abaiffant par degrés ; une fuperficie, qui s'éleve fous l'équateur pour finir par une dépreffion toûjours graduée dans un applatiffement parfait aux deux poles, voilà l'état préfent de la terre ; & comment se persuader qu'une masse de cette figure, physiquement déterminée par sa constitution inaltérable, pourra se conformer ensuite à la force centrifuge pour changer sa forme à mesure, si on la prend dans son état présent de rigidité, sans déranger ses parties, & sans bouleverser toute sa superficie. La supposition des applatissemens, & des élévations toûjours variables seroit tout au plus admissible, si le globe étoit un fluide, ou au moins composé d'une matiere molle, qui cédât, sans se rompre, aux efforts continuels de la force centrifuge. Mais cette stabilité de figure & de structure immobile de la terre ne regarde pas seulement la superficie, elle doit s'entendre pareillement de l'intérieur même du globe jusqu'à des profondeurs considérables. Les Académiciens de Petersbourg, dans le voyage de Syberie, écrit par *Gmelin*, observent que les minéraux en Syberie sont répandus par-tout sur la surface de la terre sans y entrer jamais profondément, comme en Allemagne, & ailleurs en Europe, aussi-bien qu'en Amérique. Ils s'étonnent beaucoup de cette disposition de la matiere minérale dans ce pays, si contraire à leurs idées, & en concluent que la Syberie est un amas de terres plus nouvelles que celles des autres contrées. Or la véritable raison de cette physique, tirée, non pas du local, comme celle qu'ils imaginent, mais de la théorie générale de la terre, est son applatissement vers le nord, qui est très-considérable relativement à l'Allemagne, & les autres pays méridionaux dont la surface est plus élevée. Il s'ensuivra de-là que les racines pour ainsi dire, ou les foyers des mines étant par-tout à-peu-près à la même profondeur, les veines ou les ramifications minérales doivent s'approcher bien plus près de la surface en Syberie sous le cercle polaire, que dans les pays méridionaux ; soit que ses ramifications s'élevent par une continuité non interrompue de filamens insensibles qui s'accumulent vers la surface, soit qu'elles se forment d'une vapeur qui se condense à mesure qu'elle en approche. La même raison physique s'applique également aux couches de charbon que l'on trouve de même dans ce pays vers la superficie ; & ce qui est encore plus remarquable, c'est que les feux souterreins, par lesquels cette espece de fossile se forme, les suivent de près, & paroissent en plusieurs endroits. Ce ne sont pas des volcans, on n'y a jamais senti des tremblemens de terre ; mais c'est un feu superficiel qui n'a que quelques lignes d'épaisseur, & ressemble à une bruine légere. A mesure que l'on avance vers le nord du côté de la mer glaciale, ces feux deviennent très-fréquens, & ces charbons ardens sont si communs dans tous ces cantons septentrionaux, que les bords de la mer, qui s'étendent depuis le fleuve *Jenesai* à l'est vers *Lena* en sont tous remplis, & qu'il y en a à telle profondeur, qu'ils sont arrosés par l'eau de la mer *.

Maintenant, en admettant l'hypothése de M. *Halley*, en la modifiant, & en l'étendant, comme j'ai fait dans cette seconde partie de mon Ouvrage, on donne des raisons physiques, non-seulement des phénomenes auxquelles ce Philosophe l'applique si heureusement, mais aussi du déluge attesté par tous les anciens monumens, & de l'aspect présent de la terre, où les feux souterreins qui se montrent à la surface vers le nord, & travaillent plus profondément dans les pays méridionaux, jouent un si grand rôle. Toute autre hypothése est, je le répéte, absolument contraire à la physique de la terre, & à cette stabilité constitutive qui est essentielle au

* Hist. gén. des Voyages, vol. 18, p. 306.

maintien des phénomenes que l'on a toûjours vûs subsister depuis son origine.

Selon les mêmes Académiciens, (pag. 349 du voyage de *Gmelin*) on trouve plusieurs vestiges, qui font conjecturer que la mer glaciale s'est étendue autrefois bien plus loin au sud qu'elle ne l'est à présent. Il n'est donc pas étonnant, sans recourir à un changement de climats purement imaginaire & physiquement impossible, que l'on trouve, fort avant dans les terres en Syberie, des restes de monstres marins, des os d'éléphans, & même des squelettes entiers, que l'on prend quelquefois pour ceux du *Mammont*, animal fabuleux : il est aisé de concevoir, dans cette supposition, non-seulement que toute la partie septentrionale de l'Asie est un amas de terres nouvelles, qui ont paru pour la plûpart depuis le déluge ; mais encore que toutes ces dépouilles ont été déposées en partie sous les eaux de la mer avant leur

PRÉFACE.

retraite, ou portées vers le nord par le reflux des eaux pendant le déluge depuis l'intérieur des provinces méridionales de cet ancien continent antédiluvien.

Ce qui faisoit alors une partie de la mer, & qui est maintenant une terre ferme, constitue ce que nous appellons aujourd'hui la Syberie, & le nord de l'Asie, & jamais on n'y auroit trouvé dans les terres, des dépouilles d'éléphans, si les eaux du déluge, qui ont fait périr ces animaux, ne les avoient pas transportés dans des climats où l'éléphant ne peut subsister.

Voici maintenant des vérités générales qui résultent de tant d'hypothéses, dont quelques-unes sont ingénieuses, & sont le fruit de l'imagination des Philosophes. Les phénomenes de différente espece, lorsqu'on veut les isoler, menent nécessairement à des théories différentes; celle-là seule mérite la préférence, qui en embrasse un grand nombre; encore ne serons-nous jamais assurés que la théorie même la plus généralisée, qu'enfantent nos facultés très-bornées, soit le véritable système de la nature, puisque tout ce que nous voyons se peut exécuter par des moyens absolument inconnus, & qui nous échapperoient toûjours dans notre état actuel d'enfance, s'il pouvoit durer éternellement.

Il suit de cette vuë générale, qu'aucune conséquence physique, bâtie sur des hypothéses humaines, ne peut tenir contre les vérités révélées, de même qu'aucune conséquence théologique, tirée directement des simples paroles de l'Ecriture Sainte, suivant la remarque du célebre *Holden*, ne doit être regardée comme concluante dans la classe des vérités philosophiques. » *Veritates enim* » *philosophicæ* * *nec probandæ, nec im-* » *probandæ sunt ex puris nudisque Sacræ*

* *Holden*, Anal. Fid. Div. L. 1, c. 5, sect. 1.

» *Scripturæ verbis, & sententiis: quam-*
» *vis enim nulla complectitur scriptura*
» *falsitatem, attamen ipsius loquendi mo-*
» *dus, ut plurimùm vulgaris est, atque*
» *ad communem hominum captum potiùs,*
» *quam ad loquelæ proprietatem sermonis*
» *rigorem adaptans* ».

Si les Théologiens d'un côté, & les Philosophes de l'autre étoient bien pénétrés de la justesse de cette observation, ils ne seroient peut-être pas si éloignés les uns des autres, & la paix pourroit se rétablir souvent entre eux à peu de frais. Pendant ce tems-là, faute de s'entendre, la discorde ne semble qu'augmenter, & la Religion, aussi-bien que la Philosophie, en souffre considérablement au grand préjudice de la vertu & des sciences; les deux seuls appuis solides de la société civilisée.

Henri Etienne, en parlant des défauts de son siécle, peint les deux extrêmes auxquels les Sçavans de son tems se laissoient entraîner par l'esprit de parti. Ses vers, avec fort peu de changement, peuvent également s'appliquer à ceux qui courent aujourd'hui dans la carrière des sciences.

In Physicâ re fit aliqua libertas velim,
Licentiam illi neutiquam concesserim,
Kænophilus hâc utitur, in hâc sibi placet:
Non audet uti Misokænus alterâ.
Non par tamen peccare peccatum puto ;
Veniam meretur Misokænus : haud item
Veniam mereri Kænophilum crediderim.

NOUVELLES RECHERCHES
PHYSIQUES ET MÉTAPHYSIQUES

SUR LA NATURE ET LA RELIGION.

SECONDE PARTIE.

LETTRE *de M.* de Needham, *Membre de la Société Royale des Arts & des Sciences & de celle des Antiquaires à Londres, Correspondant de l'Académie Royale des Sciences à Paris, à M.* de Buffon.

Vous pouvez vous rappeller, Monsieur, qu'il y a quelque tems qu'examinant ensemble dans les Livres de *Moyse* l'histoire de la création, nous cherchâmes à développer le sens caché de cette phrase obscure & remarquable, le soir & le matin firent un jour, *factus est vesperè & manè dies unus*, &c. Elle mérite effectivement d'autant plus notre attention, que le soir y est dit précéder le matin du premier jour, c'est-à-dire de celui qui fut l'*éternité*, & cela non-seulement avant la création du soleil, mais même avant l'éduction & la sortie de la lumiere.

Dans cette foule d'opinions, qui, chaque jour se succédent & se détruisent, de tous les *êtres moraux* dans la classe de l'humanité, les deux plus dignes d'estime & les moins éloignés de la conciliation, sont d'un côté le Déiste de bonne foi, qui embrasse la loi de nature dans sa plus grande étendue, & de l'autre le Chrétien, dont le cercle des idées n'étant pas borné par l'ignorance, ni par les préjugés, donne aussi à la Philosophie la plus grande liberté que la Religion bien développée puisse admettre. La Religion révélée, lorsqu'on l'examine bien, paroît se rapprocher de la Religion naturelle ; elle la retrace, la développe & l'éclaire, mais elle y ajoûte aussi des vérités qui ne sont connues que par la révélation divine, & auxquelles nous devons une soumission entiere. Cet esprit de la foi, ajoûté à la morale purement humaine, est comme le souffle de la Divinité, dont parle *Moyse*, souffle inspiré au système vital & organique, tiré des puissances de la matiere, qui rend l'homme, de mortel qu'il étoit, capable de s'élever jusqu'à l'immortalité ; la loi de la pure raison est incomplette, si l'entendement n'est pas circonscrit par la foi raisonnée, *rationabile obsequium vestrum*, en même-tems que le cœur l'est par les mœurs. Il y a donc un point, où le Déiste sincère & le Chrétien le plus parfait, doivent se rencontrer ; & c'est lorsque toutes les concessions raisonnables auront été faites des deux côtés, le Dieu de la révélation étant aussi le Dieu de la nature. Alors s'il n'arrive pas une assimilation totale du Déiste au Chrétien, un changement entier de sa raison, à cause de quelque résistance secrette de sa part, il se trouvera du moins une si grande analogie entr'eux & une adhésion si complette, qu'il en naîtra une harmonie entiere dans plusieurs points. La nature d'un système intellectuel n'est point une idée étrangere au vrai Déiste, il sçait parfaitement que l'échelle de l'intelligence ne finit point avec l'homme ; il méprise même le sensualiste dont la vue est bornée, qui s'imagine, ou que l'intellect doit être noyé & confondu dans la sensation substantielle, ou que ces deux principes si nobles & si distincts de la puissance idéale doivent se perdre dans la matiere insensible. Il sent si vivement & si douloureusement la foiblesse de son propre esprit, & les bornes de la carriere permise à ses efforts, que loin de se regarder comme au plus haut degré de l'échelle, il sçait & est très-convaincu qu'il ne forme que le dernier anneau de toute la chaîne intellectuelle. Son sens moral est si fin, si délicat & si dégagé de toute sensualité grossiere, qu'il apperçoit bien vîte la nécessité d'un état futur dans un système nouveau, plus exalté que cet instant actuel de misere, de chaînes & de prison, où le bien & le mal, le juste & l'injuste, sont tellement mêlés & confondus, que le vice ne se remarque souvent que par l'ascendant qu'il usurpe sur la vertu. Dans cette vûe les attributs de la Divinité, qui l'a créé pour des desseins plus élevés que la jouissance si passagere des plaisirs des sens, se développent à ses yeux, & il trouve dans la composition même de son système moral la conséquence nécessaire d'un état futur de peines & de récompenses.

Je parle ici comme si le hasard m'eût fait rencontrer un Déiste d'une disposition si désirable, & je l'ai cru d'autant plus nécessaire, qu'étant Catholique Romain, c'est-à-dire Chrétien, dans la signification du mot la plus étroite, je ne veux pas que mes opinions ayent l'air d'une nouveauté dangereuse aux yeux d'un homme aussi plein de raison que vous, Monsieur, & aussi dégagé des passions qui nous agitent.

J'aurois pû vous répondre sur le champ à la question qui occasionne cette lettre, car il y a long-tems que j'ai une opinion sur ce sujet ; mais j'ai jugé que la matiere étoit trop délicate pour être traitée par la voie de la conversation, & j'ai imaginé que la correspondance seule du cabinet pourroit l'éclaircir.

Si la chaîne de l'intellect créé ne commence & ne finit pas dans l'homme, il est évident que des êtres supérieurs doivent envisager la nature sous un point de vûe différent de celui où nous l'appercevons, & plus sublime que cette ligne de lumiere qui sépare le paysan ignorant d'avec le Philosophe éclairé. Tout sçavoir créé quelconque est relatif, comme l'est l'existence même de toute créature quelconque. La Divinité seule a le sçavoir absolu ; comme doit être la nature de celui, qui s'est défini lui-même dans l'Ecriture Sainte par cette dénomination sublime : je suis celui qui est. *Ego sum qui sum.* Celui qui est m'envoie à vous, dit Moyse, inspiré par Dieu même, *qui est misit me ad vos.*

On s'étonnera peut-être du sens que j'entreprens de donner à un passage de l'Ecriture, & je pourrai passer auprès de quelques gens superficiels, pour un novateur en matiere de Religion, cependant comme Chrétien bien instruit des motifs de la foi, je sçai qu'elle est toûjours raisonnable, & je suis convaincu par les argumens les plus forts, que l'esprit de Dieu, *dans lequel tout vit, tout se meut & tout existe,* sans la volonté duquel *un passereau ne tombe pas sur la terre,* a dirigé les écrivains sacrés sans aucun miracle visible, mais intérieurement, & souvent d'une maniere insensible à eux-mêmes: de cette façon tous les endroits de l'Ecriture Sainte, relatifs à la connoissance de la Religion, soit historiques, soit dogmatiques ou moraux, ont été inspirés, & ont un sens littéral, moral & intellectuel. Le sens littéral admet une certaine latitude d'explication, ainsi que les écrits ordinaires, ou ceux des Auteurs prophanes. La Sainte Ecriture alors doit être interprêtée par elle-même, l'obscur par le clair, & elle peut l'être par la raison lorsque celle-ci nous prête visiblement son flambeau; enfin l'Eglise légalement assemblée & consultée à cet effet, est autorisée sans doute à interprêter la Sainte Ecriture, & sa voix alors ne doit pas être confondue avec celle des Théologiens & des Commentateurs, qui n'ont droit à l'inspiration ni personnellement ni collectivement : je vais plus loin, &

pour me purger de la plus légere teinture de novation, ou de fanatifme, je ferois fâché qu'un Théologien ou un Philofophe, pût envifager un Concile général dans un point de vûe auſſi ridicule qu'une aſſemblée de *Quakers*, qui diviſent l'inſpiration & qui l'appliquent à chaque individu.

Voici, je crois, la véritable idée d'un Concile général légalement aſſemblé, idée vraiment Philoſophique, conforme à la toute-puiſſance de Dieu qui agit imperceptiblement, mais efficacement ; qui embraſſe avec force le commencement & la fin, & diſpoſe tout avec ſuavité ; *attingens à fine ad finem fortiter & diſponens omnia ſuaviter*: idée conforme à la raiſon la plus ſaine & la plus pure.

Dans un Concile général, Dieu permet la colliſion & le conflict de toutes les paſſions humaines poſſibles ; il permet la chaleur des diſputes de tout genre ; il permet les abſurdités perſonnelles ; il permet & il inſpire les bons raiſonnemens, qui ſouvent, & quand il lui plaît, prennent leur aſcendant naturel ; il permet auſſi l'ambition, les intrigues & les vûes intéreſſées des Souverains Pontifes ; mais il appaiſe ou dirige, comme il lui plaît, les efforts tumultueux de la tempête, & le réſultat eſt que la vérité en fort, autant qu'il eſt néceſſaire qu'elle ſoit dévoilée pour le bien actuel de l'humanité. C'eſt, ſi vous voulez, une providence extraordinaire, qui, ſuivant ſa promeſſe, veille ſur ſon Egliſe dans le moment critique de la déciſion, & c'eſt dans ces circonſtances ſur-tout que l'œil toûjours vigilant de la Divinité ſemble ſe fermer ſur tous les mouvemens humains, tandis qu'elle opere inſenſiblement, ſans aucun miracle viſible, ſans altérer les pouvoirs, ou la nature de l'homme, & ſans bleſſer la liberté de chaque individu. On peut dire en un mot que Dieu gouverne ſon Egliſe, comme il fait l'Univers, je veux dire imperceptiblement & ſans déroger aux loix de la nature, de ſorte que le pieux enfant de l'Egliſe peut dire à la fin de ces tumultes, avec autant de raiſon que le pieux Déiſte, échappé à la tempête, qu'il remercie la Divinité, qui a bien voulu le conduire au port. Dans cette vûe *Fra-Paolo & Pallavicini*, ou tout autre Ecrivain, Proteſtant ou Catholique, qui déclament contre la conduite de la Cour de Rome & la dépendance du Concile de Trente, ou qui en défendent opiniâtrément chaque circonſtance hiſtorique, ſont à mon égard comme l'aveugle né qui diſpute ſur les couleurs. La vûe Philoſophique de la Religion, établie ſur les principes Catholiques, s'éleve, sous la conduite de la Divinité, bien au-dessus des événemens & des foiblesses humaines; au-dessus de la conduite perverse, scandaleuse, abusive, & criminelle des hommes; au-dessus de la vie privée ou même publique des Papes, quelque peu édifiante qu'elle ait pû être; & dans l'ordre de la Religion, *Alexandre* VI est au Catholique bien instruit, ce qu'est *Néron*, dans l'ordre de la nature, au Philosophe moral.

C'est donc invisiblement, & d'une maniere souvent inconnue à eux-mêmes, que l'esprit Divin a conduit les Ecrivains Sacrés pour tout ce qui est essentiel au bien & aux progrès de la Religion. Mais de même qu'il a permis que dans tous les Manuscrits originaux de l'Ecriture, il se soit glissé nombre de variantes dans des matieres de peu de conséquence, qui sont la source d'erreurs Chronologiques, ou d'autres méprises légeres abandonnées aux discussions des Commentateurs, de même aussi l'esprit de Dieu s'est accommodé au style, à la tournure des phrases & à toutes les idées humaines des Ecrivains Sacrés, quand ces défauts ou ces foiblesses n'ont été d'aucune importance pour la morale ou pour la foi. Le style d'*Isaye*, élevé à la Cour, est poli & sublime, celui d'*Amos*, qui n'étoit qu'un berger, est rustique & grossier, comme son état ; & Saint *Paul*, qui étoit un homme de lettres, n'a pas écrit d'une maniere aussi simple ses Epîtres, que Saint *Pierre*, qui étoit un pauvre pêcheur de Galilée. La Divinité agit comme cause générale, en suivant le plan qu'elle s'est formé de nous faire parvenir à autant de connoissances qu'il nous est nécessaire pour notre utilité réelle ; mais dans les matieres importantes, où la vérité est intéressée, soit qu'il s'agisse de l'histoire ou du dogme, non-seulement toutes les copies de l'Ecriture, dans toutes les langues, sont parfaitement semblables, mais les expressions même sont merveilleusement exactes & conformes, sublimes & instructives, sans distinction de la personne & du caractere de l'Ecrivain, comme le remarquent tous ceux qui méditent la parole de Dieu avec quelque dégré d'application & de soin.

Vous devez appercevoir, Monsieur, la connexion idéale de mes pensées, quoique dans le cours de mes raisonnemens, je puisse paroître m'être écarté de *Moyse* & de la solution de ce passage obscur dans son histoire de la création, qui fait le sujet de cette lettre. Je me suis expliqué sur la vraie façon de rendre le sens littéral de l'Ecriture, & sur le genre d'autorité des

Théologiens & des Commentateurs. Quand ils font unanimes, ou presque unanimes, leur autorité est proportionnellement grande, & même alors cette autorité n'est que celle des hommes, qui, pris distributivement ou collectivement, sont toûjours faillibles ; en conséquence dans des questions mixtes, c'est-à-dire qui ne sont pas purement Théologiques, & où la Philosophie a quelque part, il est certain que dans tous les tems des Théologiens se sont trompés essentiellement, en s'attachant trop littéralement à quelques expressions obscures & populaires de l'Ecriture. Deux questions vont servir d'exemple de leur précipitation fréquente à décider sur des matieres, qui ne sont pas de leur compétence, & cette décision précipitée a malheureusement jetté une ombre sur la Religion aux yeux des ignorans, qui ne connoissent pas la nature de l'autorité Ecclésiastique, & qui confondent la simple opinion des Peres & des Théologiens avec les objets de notre foi. Ces deux fameuses questions sont celles de l'existence des Antipodes & de la vérité du système de *Copernic*. On a tort, il est vrai, d'imaginer que l'Eglise ait jamais condamné comme hérétique la croyance des Antipodes, non-seulement parce que la condamnation d'une opinion par les Papes feuls, n'eft obligatoire en matiere de croyance, que quand elle a été reçue par tout le corps ou par la plus grande partie du corps de l'Eglife ; mais auffi parce que dans le fait, il eft faux que le Pape *Zacharie* en ait jamais condamné le véritable fyftême ; cependant il eft trèscertain que, fuivant l'opinion la plus générale des Peres, des Théologiens & des Commentateurs, on regardoit le fyftême comme contraire à l'Ecriture, parce que dans cette matiere, qu'ils n'entendoient pas, ils s'attachoient trop ftrictement à la lettre. L'opinion de *Vigile*, condamnée par le Pape *Zacharie*, étoit que la terre ayant deux furfaces également plates, & couvertes toutes deux d'une voûte folide, il y avoit fur le côté oppofé au nôtre, un autre foleil, une autre lune, d'autres étoiles & d'autres hommes, qui ne defcendoient pas d'*Adam*.

A l'égard du fyftême de *Copernic*, chacun fçait que la voix de l'Eglife n'a jamais prononcé fa condamnation, & la Religion ne doit pas plus répondre de la méprife des Papes, des Cardinaux & des Inquifiteurs, que des bévues des Théologiens particuliers. Il eft vrai que l'opinion générale étoit contre cette hypothéfe, mais ce n'étoit qu'une opinion établie par des Théologiens qui vouloient fe mêler de matieres hors de leur sphère, & elle n'a jamais été un article de foi, comme tout le monde à présent le fait & en convient.

Il suit donc de ces observations, que lorsque l'Eglise légalement assemblée ou consultée, n'a pas décidé un point particulier de controverse ou d'interprétation, il est permis de s'écarter du sentiment, quand on ne le fait ni par témérité ni par caprice. *Scot* étoit un Novateur en Théologie, il s'opposa au corps entier des Théologiens de son tems ; cependant *Scot* n'a jamais été accusé, ni même soupçonné d'hérésie. *Molina* s'est séparé des sentimens communs sur la grace, je veux dire dans une matiere où la Philosophie n'a pas droit, dans une question purement théologique; cependant quelque grandes qu'aient été les clameurs, qui se sont élevées d'abord contre lui, *Molina* n'a pas été condamné, & ses disciples, qui sont devenus très-nombreux, ont eu un grand ascendant dans l'Eglise. Combien d'autres exemples semblables ne pourroit-on pas produire, où l'opinion établie a été combattue & détruite par une opinion contraire, sans qu'il y ait eû d'accusation ou de condamnation d'hérésie ? La raison en est évidente : c'est qu'aucun Corps de Théologiens n'a le droit d'accuser ou de condamner définitivement des opinions, quand l'Eglise, dont le Tribunal est incommunicable, n'a pas parlé & prononcé la Sentence.

Pour résumer ce que j'ai avancé plus haut dans des matieres Théologiques, & à plus forte raison dans des matieres mixtes, où la Philosophie a des droits, on ne doit pas, en se séparant du sentiment reçu, être accusé de témérité ni de caprice, lorsque de fortes raisons, appuyées d'autorités respectables, ou tirées de la nature même & de l'essence des choses, motivent cette différence d'opinion & cette explication de la lettre de l'Ecriture, à laquelle la voix de l'Eglise ne nous a pas attachés littéralement. Telle est la régle que donne *Saint Augustin*, dont l'autorité dans la matiere présente, est universellement respectée.

Vous sçavez que ce Saint dans ses Commentaires sur la Génèse, abandonne totalement la lettre de l'Ecriture, & pense que le systême entier de la création a été completté dans toutes les parties par le *Fiat* Tout-puissant de la Divinité, ouvrage d'un seul instant, & que le période des six jours doit être pris dans le sens mystique. Je dirai plus encore, c'est que dans un cas, où l'Eglise ne s'est pas énoncée, lorsqu'un homme se sépare du sentiment commun,

& qu'il n'est appuyé que sur des raisons apparentes, quoique foibles & hypothétiques, cet homme ne doit pas pour cela être traité d'ennemi de la Religion ; ses raisons deviennent fortes relativement à sa propre conscience ; cependant il peut être téméraire, imprudent, ignorant & foible dans la voie de Dieu, mais ce ne sont que ses raisons que les Théologiens doivent attaquer, sans s'en prendre ni à sa personne ni à sa doctrine ; & jusqu'à ce que l'Eglise ait prononcé sur la question, il ne doit pas même être taxé d'hérésie. La conséquence a beau être tirée logiquement de ses principes, s'il la désavoue, il est à couvert. Les Thomistes accusoient les Molinistes de semi-pélagianisme, conséquemment à leurs principes ; les Molinistes à leur tour, taxoient de même les Thomistes de Calvinisme ; mais les deux partis s'accordoient à établir que l'hérésie conséquente, dans le cas où chacun nioit la conclusion de son adversaire & acceptoit la doctrine établie de la grace & du libre-arbitre, n'étoit pas une imputation qui dût rompre la Communion.

Vous voyez, Monsieur, qu'à l'égard du sens littéral de l'Ecriture, si vos raisons tirées de la nature des choses mêmes, sont fortes & urgentes, vous pouvez vous écarter de la lettre dans l'explication de l'histoire de la création par *Moyse*, & vous le pouvez même sans vous exposer à la censure ; *Saint Augustin* l'a fait & l'Eglise n'a rien décidé. Il est donc permis d'entendre par les six jours, six périodes quelconques, & non pas six révolutions de 24 heures. Il y a long-tems que j'ai cette opinion, & quoique je sois le premier qui ai avancé cette explication, la conviction que j'en ai, déduite des preuves de l'Ecriture aussi-bien que de la raison, est telle, que je suis bien assuré de ne mériter aucun reproche du côté du sens moral de l'Ecriture, qui n'a guere jamais besoin d'explication, étant presque par-tout l'objet du sentiment, même de tout lecteur ; mais le sens intellectuel n'appartient qu'au seul Philosophe Chrétien, encore n'en a t-il qu'une idée obscure & imparfaite, & comme d'un objet qui appartient dans son entier à ces esprits supérieurs, qui forment l'étage du sçavoir créé plus élevé que le sien, montant toûjours par une échelle continuée, vers le trône de la Divinité, s'en approchant sans cesse, & sans cesse en étant à une distance infinie. C'est le sens intellectuel & philosophique que j'applique à cette disposition obscure de mots & d'idées, par laquelle le soir est dit précéder chaque jour de la création,

sans

sans même en excepter le premier, le faisant anticiper par conséquent sur l'éduction même de la lumiere ; voici mon sentiment à ce sujet.

A proportion que la Philosophie pénetre plus avant dans la constitution de la nature, elle apperçoit plus distinctement que dans l'homme, tout sçavoir pris distributivement, ou même collectivement, est toûjours relatif. La chaîne de ce sçavoir, telle que nous l'appercevons au-dedans de nous-mêmes, est composée de relations diverses dans une ligne non interrompue ; comme il est toûjours formé par comparaison, il est toûjours dans chaque partie alternativement positif & négatif. Semblable au Systême de l'Univers, son objet immédiat, il a commencé par la non existence, le chaos & les ténebres. Sa nature est conforme à la constitution de cet Univers, dont il est le représentatif, & l'Univers dans son existence totale est aussi toûjours relatif par rapport à la Divinité, sa cause premiere, & relatif aussi dans toute la graduation de ses parties, lesquelles comparées entr'elles, sont à leur tour, comme le sçavoir, alternativement négatives & positives. Tout dans l'Univers est action & réaction, ce qui ne peut subsister qu'entre des êtres positifs & négatifs ; la lumiere même nous est transmise, comme nous l'apprend le Chevalier *Neuton*, par des accès constans de vibrations douces. Si jamais l'Univers dans sa totalité, & dans chaque partie, pouvoit arriver à un équilibre parfait, en devenant substantiellement similaire & en acquérant une égalité d'action dans chaque partie, il s'ensuivroit une stagnation totale ; non-seulement la matiere brute & la matiere exaltée, sont l'une à l'autre négatives & positives, sans quoi il n'y auroit ni action ni réaction, mais aussi dans l'échelle de l'exaltation de la matiere, les diverses parties sont l'une à l'autre négatives & positives, d'où la vitalité se répand dans chaque portion insensible. La régle en est si exacte que le plus puissant agent matériel, le pouvoir électrique même, se distingue dans ses diverses portions, ses qualités & ses quantités, en positif & négatif ; il est constitué jusqu'à l'échelle des couleurs visibles, de façon que les quantités graduées de la lumiere deviennent l'une pour l'autre, ombre & lumiere, & sont encore bien au-delà de l'observation & de la portée des meilleurs instrumens optiques. Enfin l'agent sensitif étant au vital, & le principe intelligent étant au sensitif dans cette réciprocité de relation mutuelle, ou cette causalité de positif & de négatif, non-seulement la vitalité est répandue dans la matiere organisée, mais dans les classes intermédiaires elle est douée de sensation par l'addition d'un principe immatériel, & dans l'homme, la sensation est animée d'intelligence par l'addition d'un Agent spirituel : Agent non-seulement distingué de la matiere, même la plus vitale, comme est le principe de la sensation, mais d'un caractere qui le place dans la chaîne des êtres intellectuels, caractere infiniment supérieur à l'âme des bêtes.

Si tel est l'état exact de la nature, comme elle sortit des mains de son créateur, & telle que votre pénétration, Monsieur, vous l'a fait connoître, est-il étonnant qu'un Auteur inspiré, d'après les effets produits sur la sensation, en ait fait dans la Génèse cette description pittoresque, & si parfaite ? Ce qui est pour nous une portion, ou plusieurs portions de tems quelconque, un, ou plusieurs périodes, ne présente à des intelligences supérieures que des vicissitudes successives de repos & de mouvement si bien identifiées avec le tems qu'elles en deviennent la mesure ; & ces vicissitudes d'action ou d'inaction, positives ou négatives, ont des relations, qui paroissent à ces esprits supérieurs bien plus claires qu'à nous ; ils les comprenB ij nent intellectuellement, & ne les fentent pas comme nous d'une maniere groffiere fous le voile & les modes de la chair & du fang. Au contraire, vis-à-vis de la Divinité dont l'intelligence infiniment éminente nous eft incompréhenfible, toutes les viciffitudes difparoiffent; mille ans ne forment devant Dieu que l'efpace d'un jour; *apud quem non eft tranfmutatio neque viciffitudinis obumbratio; & mille anni ante oculos ejus tanquam dies hefterna quæ præteriit.*

Dans ce fens intellectuel de l'Ecrivain Sacré, les ténebres des chofes créées précédoient la lumiere, le cahos étoit avant le développement; le foir, *obumbratio*, précédoit le matin, & le négatif étoit devant le pofitif, parce que tout ce qui exifte vient de Dieu, qui eft l'Etre qui précede le tems, *antiquus dierum*, & qui appelle *les chofes qui ne font pas comme celles qui font*, de l'état de non exiftence, ou de privation, à celui d'exiftence.

En examinant l'hiftoire de la création dans les livres de *Moyfe*, il eft aifé d'y obferver cette échelle fi conforme à la Philofophie & à la nature des chofes. On voit d'abord la féparation du chaos & l'éduction des quatre principaux élémens, auffi-bien que leur difpofition fucceffive; enfuite les quatre élémens, ainfi diftribués

& prolifiquement difperfés, retournent une feconde fois en eux-mêmes partiellement, & fe mêlent enfemble dans certaines portions pour produire les corps fublunaires moins confidérables, & recommencer encore une nouvelle échelle, qui monte graduellement de l'imparfait au parfait, de la fimple *appofition* réguliere à l'économie vitale & *l'intus-fufception* organique; & de la fimple vitalité à l'organifation la plus complette, parcourant chaque claffe de la vie diftinctement, avec une addition vers le milieu du terme d'un principe fenfitif, jufqu'à ce que l'échelle finiffe à l'homme auquel, dit l'Ecrivain Sacré, Dieu infpira d'en haut une ame fpirituelle & immortelle. L'Ecriture, fuivant la régle reçue, s'explique par l'Ecriture; je vais donc rapporter ici un paffage du livre de la Sageffe au dernier Chapitre, où l'Ecrivain Sacré fait évidemment allufion à la defcription de *Moyfe*, & peint, avec la plus grande énergie, cette échelle que nous obfervons dans la nature.

Après avoir parlé des divers changemens des formes fubftantielles ou élémentaires, & des moyens que la Divinité avoit employés en Egypte contre les ennemis de fon peuple choifi, fuivant cette idée de l'Ecriture, *& pugnabit cum eo orbis terrarum contrà infenfatos*, il conclut qu'il est aussi facile au Tout-puissant de faire ces changemens substantiels dans la nature, qu'il l'est à l'organiste de changer le même son en un autre, ou une nouvelle relation en élevant ou abaissant l'échelle de la musique. Ces paroles sont d'autant plus remarquables, que la conversion des élémens y est expressément comparée au changement de la clef musicale: elles ne sont même intelligibles que dans cette vue Philosophique, les voici : *In se enim elementa convertuntur, sicut in organo qualitatis sonus immutatur & omnia suum tonum custodiunt.*

Cette échelle générale & particuliere, décrite par *Moyse*, & à laquelle *Salomon* fait allusion, demande une succession de tems proportionnée à son mouvement intérieur, tandis qu'elle se gradue & se développe ; une quantité de mouvement est une quantité & une mesure de tems. Afin donc qu'elle soit parfaitement graduée dans une juste harmonie pour devenir une échelle parfaite, il faut qu'il s'y trouve une constante alternative de parties ascendantes & descendantes, plus ou moins parfaitement, & les parties sont l'une à l'autre, relativement positives & négatives ; comme plus ou moins de lumiere, ou l'échelle naturelle des couleurs, qui sont ombre l'une à l'autre dans les proportions harmoniques ; comme l'octave muficale ; comme plu-ou moins d'activité répandue harmoniquement dans tout le fyftême de la création ; comme l'action & le repos par intervalles ; comme un période, ou un jour qui monte & qui defcend; ou enfin comme les deux termes extrêmes de la lumiere & des ténebres. Le progrès de cette échelle de développement demande, comme je l'ai dit, un tems proportionné : car quoique chaque période nouveau fût un nouveau terme d'efficacité additionelle, à mefure que les différens effets montoient en perfection, & quoique chaque nouveau dégré d'efficacité dérivât de Dieu même, cependant tous les dégrés d'efficacité créés étoient finis & limités ; car tel eft l'effet, telle doit être la caufe ; cette caufe eft fans doute originairement l'Etre fuprême ; mais il ne déploie jamais fa toute-puiffance illimitée & infinie.

Pour produire une action ou un effet limité, ce doit être là effentiellement l'ordre de la création & du fyftême préfent de la nature, tel qu'il fe dévoile à l'œil de la Philofophie ; & pour rendre le tableau de *Moyfe* femblable à fon original, tel doit être auffi l'ordre de la defcription que cet Ecrivain Sacré nous en a donnée.

Effectivement, qui peut mieux nous crayonner & nous faire concevoir une caufalité mu-

B iv

tuelle dans une échelle harmonique, composée de relations alternativement positives & négatives, sortant originairement du néant par le pouvoir infini de Dieu, *qu'un jour inconnu & inusité qui précéde le soleil & le jour naturel*, suivant l'expression de *Saint Augustin* ? qui peut mieux l'exprimer qu'un période de tems, montant par dégrés comme le jour naturel en efficacité, de la négation ou des ténebres, jusqu'à son Zenith, & baissant ensuite jusqu'à ce qu'elle finisse dans la négation pour faire place à un nouveau dégré d'efficacité ou à un période nouveau, qui doit encore être épuisé & finir dans l'obscurité & le repos de la nuit ? La répétition de l'échelle ascendante en perfection de chaque tems périodique, donne la somme totale de six périodes d'une longueur proportionnée à la nature des choses qui s'exaltent de plus en plus, ainsi que la Philosophie nous l'apprend. Pour nous montrer donc non-seulement que tout vient de Dieu, (ce qui est essentiel à la Religion) mais que le commencement du premier période étoit lié avec les termes qui le précédoient, je veux dire avec le repos de l'obscurité absolue, ou la non existence, & la négation universelle de toute forme sensible, qui précéda la création immédiate de la matiere, ce période, le premier de tous, nous est présenté non-seulement comme ayant sa nuit, ou sa soirée ; mais cette soirée, ou cette nuit précéde & anticipe l'éduction de la lumiere même : *& factus est*, &c. C'est sans doute de-là que les Juifs ont coutume de compter leurs jours du soleil couché, à l'autre soleil couché, & que le Sabath commence toûjours au soir précédent.

C'est pour la même raison que l'Ecriture Sainte appelle la semaine Judaïque une image des six périodes de la création & du septieme, le repos de Dieu qui s'étend jusqu'à ce jour. Il s'ensuit donc de ce que j'ai dit, que les paroles, *factus est vesperè & manè dies primus*, ne pouvoient pas s'entendre d'un jour naturel de 24 heures, & le soir précédant le matin du premier jour qui fut *jamais*, il faut prendre ces six termes de la création, pour six périodes d'un tems inconnu. *Piscis hic non est omnium*. Mais quelque opinion que d'autres de mes lecteurs puissent se former de ma façon de traiter cette matiere, j'ai lieu de croire, Monsieur, qu'un homme de votre pénétration dans les loix les plus insensibles de la nature, & quelques autres qui ont porté la Philosophie jusqu'à sa plus grande élévation métaphysique, ne taxeront pas d'enthousiasme le sens intellectuel que j'attribue à l'Ecrivain Sacré; mes idées sont sans doute fort abstraites: je n'ai cependant jamais perdu de vue le tact de la matiere palpable; je n'ai point pris mon essor au-dessus de l'atmosphère; & fortement convaincu de l'inspiration Divine qui conduisoit les Auteurs Sacrés, mes conclusions ont été formées sur les principes de la Religion révélée, aussi-bien que sur ceux de la Religion naturelle, principes dérivant de la Divinité même, *qui facit utraque unum*, & liés intimement avec la plus solide métaphysique, je veux dire celle qui émane de l'observation exacte & physique de la nature, telle qu'elle se présente encore aujourd'hui à celui qui la suit avec attention.

J'ai l'honneur d'être très-parfaitement, Monsieur, votre très-humble & très-obéissant serviteur, &c.

A Paris, ce 27 Mars 1767.

* L'assistance invisible que Dieu prête à son Eglise jusqu'à la fin du monde ne se fonde pas seulement sur une promesse positive, mais elle se fait sentir par la succession des tems. Le plus ardent ennemi de ce vrai principe d'unité catholique ne peut pas montrer la moindre contradiction réelle en matiere de foi entre deux Conciles œcuméniques quelconques. L'esprit qui dirige l'Eglise dans ses Conciles, est de rechercher soigneusement la tradition de siécle en siécle sur laquelle elle s'appuie sous la conduite de Dieu qui l'éclaire, & jamais sur la

RECHERCHES
PHYSIQUES ET MÉTAPHYSIQUES
SUR LA NATURE ET LA RELIGION.

Pour étendre la chaîne des vérités universelles auxquelles j'ai essayé, dans la premiere partie de cet ouvrage, d'élever mes lecteurs, en suivant pas à pas les observations de M. *Spalanzani*, je crois devoir ajouter certaines idées, ou principes généraux, dont les objets sont ou clairs & évidens par eux-mêmes, ou paroissent émaner, par des conséquences presque nécessaires, de la Physique dirigée par la révélation. Elles serviront en même-tems comme de corollaire à la lettre précédente, & fourniront aux vrais Philosophes, matiere à penser sans choquer leur délicatesse naturelle. Nous n'avons que trop de motifs pour être dégoûtés du ton dogmatique des Ecrivains modernes, & de la hardiesse avec laquelle ils s'efforcent sans cesse de sapper

pénétration, le sçavoir ou l'éloquence d'un particulier parmi ses membres. *Memento dierum antiquorum, cogita generationes singulas : interroga patrem tuum & annuntiabit tibi, majores tuos & dicent tibi.* Voilà la seule regle d'union & de vérité établie & par la Loi révélée, & par la Loi de la raison depuis le commencement.

la morale Chrétienne, en attaquant les principes sur lesquels elle est posée, pour vouloir leur ressembler, même en plaidant la cause des vérités révélées. Rien que ce qui est clairement démontré par l'analyse, ou la synthese ne doit être présenté au lecteur avec ce ton imposant, qui convient à la vérité seule, mise dans la plus grande évidence autant que sa nature peut le comporter. Les objets de la foi, qui sont mystérieux dans leur origine, & ne peuvent pas être connus antérieurement, ou comme s'expriment les Philosophes *à Priori*, ressemblent en cela aux premiers principes de la Philosophie Neutonienne. Ils n'admettent d'autre genre de preuves, que celles qui se tirent d'un nombre de faits certains, avec lesquels ils sont nécessairement liés, & qui déposent unanimement en leur faveur ; or une analyse de cette espece bien enchaînée est aussi puissante pour nous convaincre pleinement en Astronomie, ou en Religion, que la synthèse dans la Géométrie, & sert par conséquent à établir avec certitude, ou des principes généraux en Philosophie, ou des articles de foi, auxquels il faut se soumettre : ce n'est que dans ce cas unique, que je conclurai dogmatiquement, & lorsque je proposerai quelque hypothése, qui ne sera pas invinciblement prouvée par des faits en assez grand nombre pour l'ériger en système, je donnerai aussi à l'imagination le moins qu'il sera possible ; elle sera liée visiblement avec la Physique par quelques faits universellement connus, & je laisserai toute discussion ultérieure à ceux qui s'occupent de ces objets. En attendant il suffit, pour ôter l'absurdité apparente dont nos incrédules cherchent inutilement à couvrir la révélation, que l'hypothése soit non-seulement très-possible, & très-philosophique, mais aussi très-probable, en se liant avec les connoissances que nous avons déja acquises.

Le grand défaut de nos Philosophes modernes, est de vouloir traiter des choses dont ils n'ont jamais fait une étude approfondie, & d'être plus peintres que Physiciens, en ne présentant que la surface extérieure des objets, & plus Poëtes que Philosophes. Or les Poëtes par eux-mêmes n'ont jamais eu une croyance ferme sur aucun objet ; & si la Philosophie s'en mêle malheureusement, les erreurs deviennent encore plus graves. Une morale séche & courte qui n'est autre chose que le tronc de la Religion naturelle privé de presque toutes ses branches, l'Epicureisme, le Spinosisme, ou le Scepticisme, tout est égal pour eux ; en fait d'opinions renouvellées & libres, celle du moment, conforme à quelque goût paſſager, devient bientôt l'opinion favorite : c'eſt l'idole du jour, qu'ils ont grand ſoin d'orner de toutes ſes graces & de parer de fleurs pour plaire à la multitude. Otez-en le charme de la meſure & de la rime, écartez l'enthouſiaſme, mettez leurs penſées en proſe, tout le preſtige s'évanouit & fuit comme un éclair, qui s'éteint & nous laiſſe dans les ténebres. *Eripitur perſona, manet res.*

Le maſque tombe, l'homme reſte,
Et le héros s'évanouit.

Un Poëte pour ſe conformer à ſon génie, dont il eſt le malheureux eſclave, ſe laiſſe entraîner par ſon imagination ; l'imagination abandonnée ſans retenue, reſſemble à un cheval fougueux ſans frein & rempli de vigueur, qui ſe jette avec ſon cavalier dans des précipices. Un Poëte Philoſophe eſt preſque une chimere. Ses faux ornemens ſont à craindre. *Le poiſon ne ſe boit pas dans des vaſes de terre ; craignez les vaſes d'or, ornés de pierreries.*

. . . . Nulla aconita bibuntur
Fictilibus ; tunc illa time cum pocula ſumes
Gemmata. . . . .
Juv. Sat. 10.

Les Ecrivains de cette eſpece reſſemblent aux

Sophistes, qui ont tant servi autrefois à avancer la corruption & la ruine des Athéniens vers la fin de leur République ; mais quoiqu'aveuglés par la vanité & les acclamations de la multitude ils fassent un tort irréparable à la Religion, ils sont des objets plutôt dignes de compassion que de colere ; on peut les réprimer dans la Société par le simple mépris, & les traiter avec humanité dans la vûe de les guérir ; c'est la seule éspece d'intolérance qui soit permise à leur égard.

C'est donc à eux principalement que je m'adresserai dans les questions suivantes, en y comprenant néanmoins tous ces Philosophes, qui, quoiqu'attachés aux vérités révélées, croyent, nonobstant cet attachement, que l'on doit, en raisonnant sur la nature, les séparer totalement des vérités Physiques, non-seulement comme des objets d'un ordre supérieur, mais comme des choses qui n'ont avec elles aucune sorte de liaison. Or rien, selon moi, n'est moins Philosophique, malgré le préjugé du siécle, que de séparer Dieu de son ouvrage, ou d'attribuer à un systême purement méchanique privé de son Auteur, (seul principe toûjours actif & nécessaire de sa vie, de son mouvement & de son existence) ce qui appartient à la cause premiere, comme à une source qui ne peut tarir, fans que le fleuve qu'elle nourrit continuellement, ne fe defféche & ne tariffe. Toute abftraction de cette efpece eft impie en quelque façon, indigne d'un Philofophe, & mene à grands pas vers l'Athéifme.

I. On attribue un fort mauvais raifonnement, touchant l'exiftence de l'Univers dans *la lettre fur les aveugles à l'ufage de ceux qui voient*, au célébre *Saunderfon*. Il fuppofe qu'un Philofophe ne doit jamais rien croire que ce dont il peut avoir une idée directe ; & c'eft la maniere de certaines gens de rejetter tout ce qui eft pour eux incompréhenfible, quoique phyfiquement démontré par une infinité de faits, qui font la feule bafe folide de nos connoiffances les plus certaines. Mais les aveugles nés, uniquement déterminés par l'affirmation unanime des témoins oculaires, & ce qui eft encore plus fort fans aucune connoiffance directe, font affez fages pour croire l'exiftence de la lumiere, exiftence toute myftérieufe pour eux, & fes qualités, même contradictoires en apparence à leur façon de raifonner par le tact. Leur foi fur cet objet, femblable à celle du Chrétien & toutes leurs connoiffances, ne leur arrivent que par les oui-dire de mille témoins à qui ils fe foumettent fans héfiter. Le reproche de crédulité, fait par certains beaux esprits de leur classe, si par hasard il s'en trouvoit parmi eux, n'affoibliroit jamais cette foi naturelle & raisonnable sur la réalité de cette substance inconcevable; le défaut de la seule vûe matérielle qui leur manque, n'aveugle pas l'esprit, & *Saunderson* étoit incapable d'imaginer une chimere de l'espece de celle qu'on lui attribue.* C'est une pure invention

* Je ne dois pas laisser échapper l'occasion que me fournissent les aveugles nés de rapporter un phénomene assez rare & fort singulier, c'est une espece de vision moyenne très-remarquable. J'en connois deux exemples, un en Angleterre dans la personne d'un Marchand de drap, nommé *Scot*, demeurant à Marketrasen, petite ville de la Province de Lincoln; & un autre en Ecosse d'une Dame de distinction, connue du Chevalier *Stuart*, Auteur très-célebre & très-versé dans l'économie civile & politique. Je puis avec d'autant plus de confiance assurer les Physiciens de la réalité de ces deux faits, que je les tiens, le dernier du Chevalier *Stuart* lui-même, & l'autre d'un témoin oculaire qui en a fait plusieurs fois des épreuves répétées. Ces deux personnes distinguent parfaitement bien, & les personnes & les objets, mais sans discerner & sans connoître aucune couleur en particulier; & quand ils sont dans le cas d'en faire un choix, comme il arrive tous les jours au Marchand de drap, ils sont constamment obligés de se servir du ministere de quelqu'autre. Voilà des faits certains qui peuvent se trouver sans doute dans d'autres pays, si les Physiciens veulent en

dont on a cru devoir se servir pour en imposer aux simples par une autorité respectable que l'on prétend puiser dans un livre imaginaire qui n'a jamais existé. La voici, je la répete d'après mes nouvelles Observations microscopiques, données en 1750, pag. 345, 346.

L'argument en faveur de l'Athéisme, attribué à *Saunderson*, dans une prétendue vie de ce Philosophe, imprimée, dit-on, à Dublin, est tiré d'une supposition, que la génération d'un nombre infini de formes par un mouvement perpétuel, qui date de toute éternité, doit contenir & laisser derriere elle la chaîne présente des

faire des recherches, & voici comment je crois devoir les expliquer, ce qui pourra servir à faire comprendre leur possibilité. Toutes les couleurs, même les plus éclatantes, ne font que des ombres comparées à la lumiere avant qu'elle se décompose. Or on n'a qu'à concevoir que ces deux personnes, faute de la délicatesse, & de la sensibilité requise dans l'organe de la vûe, ne voient les couleurs qu'en masse, comme des ombres qui sont plus ou moins noires. Les objets, par rapport à eux, seront comme les estampes & les dessins à notre égard; ils les connoîtront suffisamment pour les distinguer par la figure, les contours & les dimensions exactement, comme nous connoissons les personnes, & les choses dessinées ou gravées en noir & en blanc avec toute la précision possible, quoique les couleurs soient parfaitement supprimées.

êtres, parce que les formes infinies irréguliéres, périront faute d'une juste ordonnance, & que les finies régulières au contraire se soutiendront par leur équilibre & se propageront.

Examinons cette maniere bizarre de raisonner, non dans les principes Métaphysiques que nous avons établis sur les premiers élémens de la matiere d'après *Leibnitz*, * mais dans ceux même qu'un Athée choisira sans doute par préférence, qui, partant d'après ses sens du sensible & du palpable, croit pouvoir faire tout ce qu'il voudra avec une substance atomique essentiellement étendue, selon lui, & sans cesse essentiellement divisible. Dans cette vûe grossiere, qui lui convient de toutes façons, je dis, ou que ce nombre infini de formes fut engendré dans une quantité infinie de matiere en un tems fini, ou dans une quantité finie de matiere dans un tems infini. Entre ces deux façons de concevoir la chose, il n'y a pour lui aucun milieu, s'il veut que sa génération prétendue d'un nombre infini de formes finisse par l'état présent de l'Univers. Or une quantité infinie de matiere est une absurdité, que nous sçavons ne pouvoir pas coexister en aucun tems donné, pour

---

* Voyez mes nouvelles Découvertes microscopiques.

répondre favorablement aux conséquences qu'il en tire : car une quantité infinie de matiere est commensurable avec une espace infini, & non-seulement la partie systématique dans cette supposition, mais tout espace seroit un plein universel, immobile, impénétrable & improductif d'aucune nouvelle forme quelconque : l'Univers & ses loix ne peuvent jamais se produire sous cet état d'un repos nécessairement absolu, & s'il le pouvoit, par l'impossible, il ne subsisteroit pas tel qu'il est un instant.

Reste donc que ce nombre infini de formes ait été engendré sur une quantité infinie de matiere dans une tems infini. Ce tems quoiqu'infini par une rétrogradation sur l'éternité, lorsqu'il est ainsi appliqué à différentes révolutions dans une quantité finie de matiere, est essentiellement successif. Maintenant on peut démontrer, que comme toutes les parties de cette succession infinie sont finies, il est impossible qu'il y ait un tems déterminé, où ce hasard prétendu puisse tirer la chaîne présente des êtres d'un nombre infini de formes *coexistentes*, parce qu'il n'y a aucun tems déterminé dans toute la succession, dans lequel un nombre infini de formes puisse être engendré tout à la fois, & coexister sous une quantité finie de matiere. Ce tems infini en duration succeffive ne fervira donc de rien à notre athée, & fa quantité infinie de matiere en maffe eft impoffible.

Mais ce n'eft pas encore tout, il ne fuffit pas de tirer une ou deux formes de tems en tems, par quelques coups heureux, de tous ces infinis fuppofés, il faut une chaîne d'êtres dans une liaifon exacte, accompagnée de mille relations qui confervent entr'elles la derniere jufteffe. Si l'on pouvoit, pour en citer une de mille millions, former la planette de Jupiter, & la conferver enfuite en fûreté dans ce prodigieux tourbillon de matiere, jufqu'à ce que fes quatre Satellites paruffent quelques millions de fiecles après; mais non; Jupiter ne fera pas ce qu'il eft privé un inftant de fes quatre Satellites? ou fi l'on pouvoit produire un mâle & le nourrir de fécondes intentions, comme la chimere de *Rabelais*, jufqu'à ce que la femelle fût formée, alors ce fyftême feroit un peu moins ridicule. De pareilles idées ne valent peut-être pas une réfutation; on voit bien que ceux qui raifonnent ainfi, s'il y en a qui le faffent férieufement, jettent de la pouffiere contre le foleil, & qu'alors ils imaginent que perfonne ne peut le voir, parce qu'ils ont commencé par s'aveugler eux-mêmes.

Je veux bien que ces grands Philofophes ayent
C iij

leurs myſteres auſſi-bien que nous, & qu'ils ſoient entr'eux de la compoſition la plus facile ſur ce ſujet ; mais qu'ils ne s'expoſent pas d'une maniere ſi louche, après avoir tourné en ridicule les myſteres de la foi, aux railleries améres d'un ennemi qu'ils affectent ſi fort de mépriſer. Myſtere pour myſtere, j'aimerai mieux me fier à la puiſſance de la Divinité, qui me dirige par la révélation ſous laquelle je puis hardiment trancher tous ces nœuds-Gordiens ſans exception, que de me plonger, pour les éviter, dans un abyme d'abſurdités, où la raiſon ſe perd ſans retour : c'eſt le moucheron arrogant d'*Eſope*, vainqueur du lion, qui s'enveloppe malheureuſement dans une toile d'araignée, & devient enſuite, en punition de ſa ſotte vanité, un objet de pitié & de dériſion.

II. Puiſque nous avons ci-deſſus touché, comme en paſſant, à la foi naturelle des aveugles nés, ſur l'exiſtence myſtérieuſe de la lumiere, & ſur les qualités des couleurs, pour rendre le parallele, qui ſe trouve entr'eux & les fidéles qui ſe ſoumettent à la révélation, plus ſenſible, voici comment j'imagine qu'un bel eſprit de cette claſſe pourra raiſonner ſur ce ſujet, à la façon des nouveaux Philoſophes, en s'adreſſant à ſes compagnons. ” Mes amis, point de myſte-

» res incompréhensibles, si vous voulez avec moi
» suivre la raison que Dieu nous a donnée, dont
» le tact doit être le ministre le plus sûr, & le
» plus fidèle. C'est pour nous asservir sous leur
» conduite, aux dépens de ceux qui veulent bien
» les payer, ou pour dominer sur nous qu'une
» multitude de gens ambitieux ou intéressés pré-
» tendent à l'avantage d'un cinquieme sens plus
» raffiné, plus prompt & plus étendu, que le
» tact le plus subtil : ne soyons plus désormais
» leurs dupes; reprenons la liberté, avec laquelle
» nous sommes nés. Quelle honte pour nous de
» vivre ainsi sous leur tutelle dans une enfance
» perpétuelle? ou s'ils persistent à vouloir toû-
» jours nous tenir dans un état de dépendance,
» qu'ils daignent nous faire comprendre en quoi
» consiste leur supériorité, & quelle est la na-
» ture de leur prétendue faculté visuelle. Croyez-
» moi, *notre crédulité fait toute leur science:* & ce
» que l'on débite hardiment contre certains
» Mysteres Sacrés, s'appliquera avec la même
» force & la même vérité à l'existence prétendue
» de cette substance insensible, qu'on appelle lu-
» miere, avec toutes ses qualités opposées à no-
» tre raison. Des faits absolument contraires à
» l'ordre de la nature, & connus comme tels par
» un tact souvent plus fin que celui de nos pré-

C iv

» tendus guides, ne peuvent jamais se soutenir
» par un nombre de témoins quelconques, selon
» le sublime oracle de nos jours, le célebre
» *H****, * quel que puisse être le poids de leur
» témoignage. Tout homme est naturellement
» menteur ; mais dans le cas présent, c'est un
» horrible complot formé contre notre liberté,
» par un nombre d'hommes, qui se sont sans
» doute donné le mot, & s'entendent parfaite-
» ment entr'eux, pour nous surprendre séparé-
» ment par une chaîne de connoissances com-
» muniquées de l'un à l'autre. C'est par ce moyen
» que je comprends & que j'explique sans diffi-
» culté, quand ils nous prédisent sur le champ
» l'arrivée certaine de ce qui est encore à une
» certaine distance, long-tems avant qu'il soit
» présent, comment ils ne manquent jamais de
» nous dire la vérité, & c'est ainsi précisement,

---

* Voyez l'Essai de M. *Hume* contre les Miracles, où cet Auteur, sans prétendre prouver que Dieu ne peut ou ne veut pas les opérer, ce qui les laisse du côté de la possibilité au niveau de tous les autres faits historiques, cherche néanmoins à nous persuader, par sa façon trompeuse de raisonner, que si la Divinité se détermine à les faire, on ne doit pas les croire, ni se laisser persuader de leur réalité, malgré mille témoins qui les attesteront unanimement.

» que nos joueurs de gobelets, en s'aſſociant
» ſecrétement avec quelqu'un de la compagnie,
» trompent les aſſiſtans. Mais croire qu'ils le
» ſçachent par une faculté à nous inconnue, dont
» ils prétendent être doués par la nature, qui les
» aura traités avec une partialité à notre égard
» incompréhenſible, cela eſt indigne de tout
» homme qui penſe. Qeſtionnez un peu ces pré-
» tendus clair-voyans, & vous jugerez vous-
» mêmes à quel comble d'abſurdité toute leur
» prétendue ſcience va ſe réduire. Quoi! un bou-
» let, qui, ſelon nos prétendus témoins oculai-
» res, précède le ſon lorſqu'il part de la bouche
» du canon, demandera pour arriver du ſoleil à
» la terre, en gardant toûjours ſa premiere vîteſ-
» ſe, l'eſpace de vingt-cinq années, & un pré-
» tendu globule de lumiere, dont des milliards
» à leur aveu, même en nombre quarré, ne
» peuvent produire le moindre poids ſenſible au
» tact, parcourt ce même eſpace en ſept minu-
» tes? Quelles inepties! d'une abſurdité une fois
» poſée pour principe, on en verra naître mille
» autres de la même eſpece; comment croire
» ſans cela qu'en pourſuivant toûjours la même
» thèſe, certains de leurs Philoſophes ont mê-
» me eu la hardieſſe de ſoutenir, qu'il y avoit
» dans l'Univers des étoiles fixes, comme ils les

» appellent, ou certains globes lumineux d'un
» volume au-dessus de tout ce que l'on conçoit,
» & placés à une distance si prodigieuse de la
» terre, que le premier rayon de lumiere qu'ils
» ont produit à leur création, ne pourra peut-
» être pas avec sa grande vîtesse achever le voya-
» ge, qu'il a entrepris il y a six mille ans pour
» le moins, avant la fin de ce monde, dont le
» terme est encore inconnu ? Vous ne serez cer-
» tainement pas étonnés que des menteurs de
» profession, à force de répéter leurs menson-
» ges, les croyent à la fin eux-mêmes si forte-
» ment, qu'ils passent sans hésiter des fables aux
» contradictions. Une boule de quatre pouces
» de diamétre, dont la figure, comme vous l'a-
» vez mille fois senti, ne peut être connue par
» le tact, que successivement & d'un petit nombre
» de personnes, en la donnant de main en main
» pendant un certain tems, cette même boule
» suspendue en l'air, sera vue, selon nos pré-
» tendus témoins oculaires, au même instant par
» dix mille, par cent mille, par un million de
» spectateurs, & chacun connoîtra aussi-tôt sa
» figure ronde, chacun verra en même-tems la
» moitié de sa sphère, & personne de cette mul-
» titude ne verra exactement la même moitié.
» Cette boule donc, est réellement partagée

» oculairement en un million de moitiés, sans
» être partagée réellement au tact, ni même
» aux yeux, sinon idéalement, puisque chacun
» voit la moitié solidement complette, & ce-
» pendant chacun de ce million de témoins sou-
» tient que sa vision est réelle. C'est ici, mes
» amis, qu'il faut absolument revenir aux prin-
» cipes de notre ami le célébre *H****, & quand
» un prétendu fait renverse directement, non-
» seulement l'ordre de la nature à nous connu
» palpablement, mais aussi les idées les plus
» nettes, en même-tems que renchérissant sur
» le merveilleux de l'Evangile, il se trouve en
» pleine contradiction avec lui-même, nul té-
» moignage, quel que soit le nombre des té-
» moins, ne peut le rendre croyable. Le tact
» est quelque chose qui nous persuade forte-
» ment, mais la raison, encore plus forte, est
» seul juge souverain, au-dessus de tout ce qu'on
» peut nous dire de la part d'un million de men-
» teurs semblables.

» Leur manie ne connoît aucunes bornes, &
» le jour me manqueroit, si j'entreprenois de
» vous raconter tous les phénoménes qu'ils at-
» tribuent imprudemment à leur prétendue fa-
» culté de voir. Je veux bien qu'ils ayent, sur
» certaines choses peut-être, le tact plus fin

» que nous, & qu'ils s'en prévalent quelquefois
» pour vous faire accroire mille impertinences.
» Ces meubles qu'ils appellent des miroirs, qui
» ne font rien, comme vous fçavez, qu'une
» glace extrêmement polie, montrent, dit-on,
» aussi-tôt qu'on se met devant leur surface,
» la figure très-exacte des spectateurs. Je ne leur
» disputerai point ce fait ; c'est une chose qui
» peut s'imaginer, & quoiqu'au tact il ne me
» paroisse rien de sensible sur ce miroir, je con-
» çois cependant, malgré la finesse & la déli-
» catesse de la peinture, relativement à celle de
» leurs tableaux ordinaires, dont je connois
» assez bien la forme déterminée, qu'avec un
» tact fait à cela, par de longues habitudes, ils
» en peuvent peut-être sentir la figure représen-
» tative ; mais de croire, comme ils le débi-
» tent, qu'après avoir brisé ce miroir en mille
» morceaux, chaque fragment représente aussi-
» tôt la figure humaine en entier ; cette même
» figure qui étoit seule un moment auparavant,
» est maintenant multipliée mille fois, & cepen-
» dant elle garde toute son intégrité dans cha-
» que morceau. *Juste Dieu ! la tête me tourne,*
» comme dit l'éloquent *Rousseau,* sur les démons
» qui entrent dans le corps des cochons.* Ce

* Voyez sa troisieme Lettre, écrite de la Montagne.

» *font là , Messieurs, les fondemens de votre foi.*
» *La mienne en a de plus sûrs, ce me semble :* vive
» le tact toûjours certain , & la raison qui ne
peut nous tromper.

Je reviens à mon sujet, & sans entrer plus avant sous la personne d'un aveugle né dans les phénomènes de la vision, la communication de nos pensées par des lettres, la connoissance distincte des objets à de grandes distances, les différences que nous appercevons entre des distances & des distances, quoique chaque objet renvoie des rayons, qui nous touchent les yeux par des lignes droites, & mille autres phénoménes qui sont des miracles pour ces aveugles; je me persuade qu'en voilà assez pour nous convaincre que le parallele entre la foi naturelle de cette classe d'hommes, & la foi surnaturelle, est parfaitement juste. Ce n'est que par de pareilles parodies que l'on peut trancher souvent la dispute contre les incrédules, sans aucune replique de leur part. Qui ne connoît pas l'examen des Apologistes de la Religion Chrétienne, attribué à feu M. *Freret*, peut-être pour cacher le véritable Auteur ? * & qui ne voit pas en même-

---

* Un homme de Lettres m'a assuré positivement que cet Ouvrage n'est pas de M. *Freret*.

tems que ce tiſſu de Sophiſmes dont ce livre impie eſt rempli, s'appliquera avec la plus grande facilité, argument pour argument, au ſyſtême abſurde du P. *Hardouin* ? Il réuſſira toutes fois, aidé par nos paſſions, à faire des incrédules ; mais le parodiſte réuſſira-t-il également à nous faire accroire que *Virgile*, *Horace* & les autres livres claſſiques ont été faits par des Moines du neuvieme ſiecle ? Pourra-t-on même gagner un ſeul Proſélite ? certainement, non ; un intérêt très-mal entendu ne nous aveugle pas ſur un article qui ne flatte aucune de nos paſſions. * Enfin j'exhorte très-fort les défenſeurs de la Religion à ſe ſervir ſouvent de ces mêmes armes, en les aſſurant qu'il n'y a aucune eſpece d'écrit quelconque fait contre elle, dont on ne puiſſe pas former la parodie parfaite, en partant de ce que l'adverſaire eſt forcé d'admettre, & très-ſouvent en ſe ſervant de ſes propres paroles.

* Quiconque eſt au fait de la façon juſte & conciſe de raiſonner dont M. *Freret* ſe ſert dans les Diſſertations où il réfute la prétendue antiquité des Chinois, & fait quadrer leur Hiſtoire avec la Chronologie de *Moyſe*, ſelon les Septante, ſera étonné qu'on oſe lui attribuer un fatras de ſophiſmes, tels qu'on en trouve, à la honte de la raiſon humaine, dans l'examen des Apologiſtes. Voyez les Mémoires de l'Académie, dixieme volume & ſuivans.

III. Toute intelligence humaine est bornée : se trouve-t-il un Sceptique sur la terre, qui ose me contester ce principe ? Or l'intelligence n'est ainsi limitée que parce qu'il y a des vérités réelles, qui sont au-dessus de sa portée ; donc il y a démonstrativement des vérités réelles, qui sont pour nous incompréhensibles. Que font des hommes superbes ? pour éviter cette conséquence, à laquelle ce que nous éprouvons tous les jours malgré nous, dans ce monde visible, nous méne nécessairement, & pour éviter la difficulté de la création, si on les interroge, par exemple, sur la cause premiere, ils supposent que le monde existe par une espece de nécessité, & qu'il a toûjours existé par un enchaînement de causes & d'effets non interrompu de toute éternité. Que gagne-t-on par cette évasion puérile ? au lieu d'une vérité mystérieuse, ils embrassent une absurdité, & se repaissent de contradictions. Dans une chaîne infinie, par une succession non interrompue de toute éternité, voici ce que je crois être clair & démontré. Tous les êtres, révolutions, ou effets quelconques qui ont jamais existé, ont existé chacun réellement dans un tems que l'on peut assigner ; ils ont eû chacun leur commencement & leur fin : or il est en même-tems très-clair, par la nature d'une succession infinie, que les plus reculés dans la chaîne n'ont pour eux en propre aucun tems d'existence possible, parce qu'il est évident par l'essence même de l'hypothèse, qu'il y en a de si reculés, que ni aucun tems possible, ni aucun nombre fini, ni aucun calcul limité ne peuvent les atteindre : & de plus, si chacun en détail a eu un commencement sans exception, ce que l'hypothèse énonce, la chaîne n'est pas infinie, suivant la même hypothèse : donc, & sans entrer dans la question, si une telle chaîne renferme en elle la possibilité d'un nombre infini actuel, que tous les Philosophes regardent comme une absurdité manifeste, * cette hypotése au premier aspect, porte avec elle une contradiction aussi visible que celle d'un quarré rond, dont l'impossibilité nous frappe, même en l'énonçant, par des idées contradictoires.

IV. L'éternité de la matiere est une opinion folle, plus contraire au bon sens, que les rêves d'un malade. Si on la suppose avec *Leibnitz*, &

* Voyez la Démonstration mathématique contre l'éternité de la matiere, par le R. P. *Gerdil*, dans le recueil des Dissertations, &c. à Paris 1760, chez *Chaubert*, où cet excellent Métaphysicien démontre qu'une telle chaîne ne peut avoir existé sans renfermer en elle la possibilité d'un nombre infini actuel.

la raison composée de parties simples, dont les actions & les réactions produisent toutes les rélations qui sont les objets de notre ame, & tous les phénoménes physiques ; il faut dire que chaque partie simple, dont l'existence est absolument indépendante de celle de tout autre, est non-seulement immortelle, mais éternelle comme la Divinité même. Or dans la classe des êtres simples, l'ame humaine doit trouver sa place, quoiqu'elle soit d'un ordre supérieur & plus élevé dans l'échelle, par sa faculté intellectuelle, que les parties simples, principes de la matiere, dont les qualités essentielles à la constitution d'un composé ne renferment ni raison, ni sentiment. Il faudra donc par une convenance, qui suit nécessairement de la nature des choses, si chaque être simple, constitutif par combinaison de la matiere, est éternel, que l'ame humaine, & même à plus juste titre, aussi-bien que toutes les autres intelligences finies qui composent en montant par dégrés l'échelle actuelle de perfectibilité intellectuelle, soient pareillement éternelles. C'est un axiôme très-ancien, *ex impossibili sequitur quidlibet* : l'absurdité une fois admise comme principe, il en naîtra des monstres qui s'entre-détruiront, comme les soldats de *Cadmus*, nés des dents du serpent ; toutes ces intelligences finies se mettront en quelque façon au niveau de la Divinité, dont on ne s'avisera guére de nier l'existence, après avoir admis la possibilité d'un esprit éternel ; c'est les déifier à l'imitation des Anciens ; & comme la crédulité qui dérive d'une imagination extravagante, ne connoît aucunes bornes, qui nous empêchera ensuite de réaliser, par un délire toûjours conséquent, la métempsicose de *Pythagore*, ses rêveries sur le personnage d'*Euphorbe*, qu'il s'attribuoit au siege de Troye, son privilége prétendu de se souvenir toûjours de chaque état de préexistence, les eaux d'oubli, ou le fleuve de Lethé, & mille autres mensonges ridicules, avec tout l'attirail fabuleux qui composoit autrefois l'enfer Poëtique.

Reste donc pour donner quelque couleur à l'hypothése d'une matiere éternelle, de la supposer avec les Matérialistes solidement étendue en elle-même par essence, & divisible à l'infini. Or comment concevoir dans cette supposition l'éternité de la matiere, sans lui attribuer en même-tems une immensité illimitée, stérile, éternellement immobile, éternellement improductive des phénoménes, dont nous sommes témoins ? Pour peu qu'on lui donne des limites aussi reculées que l'on voudra, le lieu fini qu'elle occupera, ne fera jamais qu'une partie infinitésimale de l'immensité. Elle est donc par sa nature essentiellement limitée ; elle est fixée dans un lieu fini & déterminé, qui n'est qu'une partie infinitésimale de l'immensité pour laquelle elle a une parfaite indifférence ; elle est assujettie aux loix du mouvement, & du repos, à celles de l'inertie & de la résistence, aux forces centrales & projectiles. Toutes ces loix si précises, par lesquelles elle est conduite infailliblement, ces limites exactes, ces bornes étroites, ces forces déterminées, supposent de toute nécessité un Créateur, un Législateur, un Maître Souverain, qui l'a précédée, qui l'a formée, qui la dirige, qui la limite, & qui est totalement distingué de la masse de l'Univers : enfin l'éternité est un attribut inséparable de l'immensité qui ne peut convenir à la matiere réduite en système, & par conséquent inapplicable à la matiére limitée par essence.

V. Les Philosophes Indiens, comme les Poëtes qui jadis se servoient, en guise de Cariatides, du géant Atlas, donnent pour base à la terre le corps d'un éléphant ; mais ne sont-ils pas en cela moins subtils que nos maîtres d'Europe ? & ne devoient-ils pas imaginer une chaîne d'éléphans à l'infini ? Interrogés par un bel esprit de nos climats, sur quoi leur éléphant appuie ses pieds, qu'avoient-ils besoin de substituer si mal-adroitement la pauvre tortue ? On évite les questions importunes de la part d'un obstiné qui revient malgré nous à la charge, en les esquivant, comme font ordinairement nos Sages modernes ; une chaîne établie à l'infini, supplée admirablement bien aux mysteres d'une religion qui embarasse & que l'on veut rejetter. Dans un nombre infini d'éléphans posés de suite, il n'y a point de dernier, & dès lors point de difficulté ; nul ne peut manquer d'être soutenu, & tout le syftême se maintient au parfait par ses propres forces. Les voilà donc nos beaux esprits bien à leur aise par ce moyen, & les Philosophes ennemis des obscurités religieuses, au lieu des mysteres qu'ils haissent, se repaîtront tranquillement de leurs propres rêveries. Un *Quaker* Anglois avoit-il si grand tort de répondre à un petit maître de cette espece, dans un des caffés de Londres ? *Mon ami, si tu ne veux admettre pour vérité que ce que tu peux comprendre, ton symbole sera bien court.*

VI. Un exemple tout-à-fait semblable au précédent, & peut-être encore plus sensible, que l'on peut présenter aux Athées modernes qui ne veulent pas de cause premiere pour raison de leur propre existence, sera une chaîne immense d'aveugles, qui marchent toûjours en se tenant par la main sans jamais se détourner un instant du droit chemin. Leur supposeront-ils à la tête un conducteur clair-voyant ou non, pour expliquer cet étrange phénoméne ? voilà la question : ou le défaut de la vûe dans toute la chaîne peut-il être suppléé par l'aveuglement multiplié à l'infini? C'est ainsi que nos Philosophes évitent adroitement les mysteres.

Hostem dum fugeret se Fannius ipse peremit,
Dic mihi, quis furor est, ne moriare mori ?

VII. La création posée comme une vérité nécessaire & d'une obscurité impénétrable, telle que l'attraction Neutonienne considerée dans sa cause, ou comme les Philosophes s'énoncent *à Priori*, mais claire & très-évidente par ses conséquences, se trouve précisément dans le même point de vue, quant à nous, que tous les autres mysteres de la Religion révélée, & même que le Neutonianisme qui a été si victorieusement démontré par les Phénoménes. Toutes nos connoissances quelconques, même les plus scientifiques, dépendent d'un nombre de faits, qui se prêtent un jour mutuel, réduits à des principes généraux, auxquels tout homme sensé s'arrête, & celui, qui sous prétexte de vouloir pénétrer au-delà, ou de traiter les sciences, comme nos incrédules traitent la Religion, au lieu d'augmenter ses connoissances, en sappe les fondemens, se perd dans les souterreins, & demeure dans les ténébres du Scepticisme.

Examinons maintenant la Cosmogonie de *Moyse* par les seuls principes de la Physique, & voyons si on peut la regarder comme contraire en aucune façon, à la bonne Philosophie : elle nous présente au premier abord la création de la matiere, sans nous dire expressément si la disposition actuelle de l'Univers à suivi immédiatement cette premiere action de Dieu, par laquelle la Divinité est sortie en quelque façon hors d'Elle-même, ou si la matiere a subi antérieurement & avant l'état présent des choses, plusieurs autres révolutions. Six mille ans, soixante mille ans, soixante millions ou milliards, cela est tout un devant Dieu *, & tout nombre fini quelconque n'est qu'une partie infinitésimale de l'éternité ; il suffit que de toute nécessité la matiere ait eu un commencement, & ce commencement, si l'on ne consulte que la simple raison, peut se dater avec la même justesse du terme commu-

* *Mille anni ante oculos ejus tanquam dies hesterna, quæ præteriit.*

nément admis par les Théologiens de six ou sept mille ans environ ; que si on le recule à mille milliards, celui de sept mille doit avoir nécessairement existé ; or qui de nos Philosophes, avec tous leurs vains calculs, peut me dire que nous n'y sommes pas compris, ou m'en assigner avec fondement quelqu'autre beaucoup plus reculé ? C'est au premier aspect un problême indéterminable, parce qu'il admet un nombre indéfini de réponses, & une question d'ailleurs très-inutile, qui ne peut se résoudre ni par la révélation, parce que Dieu de son côté n'a pas jugé à propos de nous éclaircir définitivement sur une chose purement arbitraire, ni par la raison qui ne peut procéder que sur ce qu'elle voit. Or l'état présent de l'univers ne peut jamais nous élever au-delà du moment de sa propre existence, & les traces, ou si l'on veut, les ravages que l'on croit appercevoir sur la terre, faits par l'élément du feu antérieurement à ceux de l'eau, peuvent s'expliquer de mille façons différentes. *Au commencement*, dit Moyse, *Dieu a créé le ciel & la terre.* Ce commencement donc a existé dans son tems. Mais quand ? le terme, comme l'on voit, est inconnu. *Or la terre étoit sans ornement & toute nue, & les ténèbres étoient répandues sur la face de l'abîme, & l'esprit de Dieu étoit porté sur les eaux.* Gen. ch. 1. Ces deux textes renferment clairement deux idées très-distinctes, celle de la création primitive de la matiere dont l'univers est composé, comprise sous ces deux mots, *le ciel & la terre* ; & celle de ce globe terrestre que nous habitons, comme une portion de cette même matiere encore informe, ou parce que sa disposition présente est la premiere qu'elle ait reçue, ou parce qu'elle sortoit alors de quelque révolution qui l'avoit totalement bouleversée avec le système entier, & confondu tous les élémens ensemble.

VIII. La matiere premiere, dont le ciel & la terre sont composés dans l'état où nous les voyons, contenoit en elle-même les principes nécessaires pour produire la forme présente des choses. C'est pourquoi elle a été représentée par les Anciens sous l'emblême d'un œuf, image qui quadre très-bien avec la Cosmogonie de *Moyse*. Car de même qu'il faut à l'œuf le concours de certaines causes extérieures pour le faire éclore, il fallut aussi que la Divinité (seule cause au-dehors distinguée de l'univers & suffisante) appliquât sa puissance pour la faire développer sous la forme présente ; de même que les principes végétatifs, qui constituent l'œuf, se déployent insensiblement dans un ordre exact, & en parcourant les différens dégrés de perfectibilité, dont il est susceptible, il change successivement sa forme jusqu'à ce qu'il arrive à son terme de perfection, qui est la vie animale ; ainsi au commencement la masse de matiere primitive se développe par dégrés pour atteindre dans un ordre relatif & gradué son dernier dégré de perfectibilité. C'est ce qui est figuré sous l'image de l'esprit de *Dieu porté sur les eaux*, où l'amas des quatre élémens amalgamés ensemble dans une seule masse fluide ; il est représenté d'une maniere digne de sa Toute-puissance, & conforme à la disposition de la nature dans une échelle exactement graduée, donnant ses ordres, en raison des volontés spéciales distinguées par des intervalles marqués extérieurement, en même-tems qu'il agit par une efficacité intérieure qui pénétre la masse entiere substantiellement, avec une force toûjours égale, se répand sans s'affoiblir jusqu'aux extrêmités, & dispose les parties avec une harmonie si juste, que le tout ne fait qu'un seul systême avec un accord admirable. *Attingit à fine ad finem fortiter & disponit omnia suaviter.* Sap. cap. 8.

IX. Plusieurs Philosophes trompés par ce que nous voyons dans la disposition présente des couches dont la terre est composée, & par une recherche suivie sur les différens corps qu'elle contient, croyent devoir donner à la terre une antiquité plus reculée que celle que l'on assigne communément avec les Théologiens. Cela se peut faire de deux façons sans blesser la Religion & sans aller contre la Cosmogonie de *Moyse*, pourvû que la raison, appuyée par l'expérience, l'exige. La Chronologie établie par *Moyse* n'est en aucune façon celle de la terre, ni celle de notre système, encore moins celle de l'univers entier, qui peut, par des systêmes innombrables & successifs, percer fort avant dans l'éternité; elle est, pour parler plus rigoureusement, la Chronologie du seul genre humain, exprimée uniquement par des générations qui se succédent, & calculée sur leur durée. Qui dira voici vingt ans que j'ai des abeilles dans mon jardin, ne dit pas nécessairement que le jardin a été formé dans le tems, ou vers le tems qu'il a jugé à propos d'y placer ses ruches. Les deux moyens donc d'étendre la Chronologie de la terre au-delà du terme ordinaire, adopté par les Théologiens sans blesser la Religion, sont premierement, de supposer que la terre décrite par *Moyse* comme informe & ténébreuse, sortoit alors d'une révolution qui l'avoit mise en ruines, en amalgamant ensemble les quatre élémens, ce qui pouvoit avoir été fait par un bouleversement universel qui s'étendoit par-tout le systême, ou simplement par un changement qui n'affectoit que la terre seule avec sa planette. Que les Philosophes ne s'effrayent pas d'une pareille supposition, comme si la ruine de la terre emportoit nécessairement celle du systême entier. En réfléchissant qu'elle n'est que la mille millieme partie du soleil & la huit centième partie de Jupiter, ils sçauront aussi-tôt que son anéantissement même ne dérangeroit pas sensiblement aucune autre planette principale, & encore bien moins le soleil *. L'action de toutes les planettes ensemble ne le déplace guère du milieu du systême qui est très-peu éloigné de son centre, & l'approximation au centre du systême total, augmentée d'une mille millieme partie par l'anéantissement de la terre dont on

* M. *Pope* après son maître *Bolingbroke*, qui, sans être ni Philosophe, ni Calculateur, n'étoit qu'un beau-diseur, ne faisoit, dans ses raisonnemens sur l'échelle de la nature, aucune différence entre un grain de sable & une montagne. Il croyoit que le moindre vuide dans cette échelle devoit jetter en confusion tout le systême. Mais l'anéantissement d'un grain de sable, d'une montagne sur la terre, d'une espece d'animaux ou de plantes, ou même d'une planette, ne peut affecter le tout que fort légérement & sans aucune conséquence.

fouftrait la force attractive, devient comme zéro en fait d'un changement fenfible aux yeux d'un Calculateur.

Le fecond moyen de reculer l'antiquité de la terre, fans forcer le texte, peut fe trouver dans la prolongation des fix périodes que l'Auteur facré défigne par le mot de jours ; nous avons déja parlé de ce moyen dans la Lettre à M. *de Buffon*, & nous ajouterons ci-après différens paffages de l'Ecriture Sainte, où le mot *jour*, le même en hébreu dans tous ces paffages de l'Ecriture Sainte que dans le premier chapitre de la Généfe qui traite de la Cofmogonie de *Moyfe*, eft employé évidemment pour fignifier des périodes de différentes durées, jufqu'à comprendre plufieurs années. Il s'agit feulement de fçavoir fi la Phyfique, ou la nature, demande que ce mot exprime de même un période de plufieurs années, quand il s'agit de la Cofmogonie, comme dans les autres paffages. C'eft ce que j'examinerai avec attention ci-après dans le détail des motifs qui m'autorifent à rejetter comme de vaines hypothéfes, ou comme de purs foupçons fans fondement, ces deux fuppofitions, quand on les employe pour reculer fort loin, au-delà de la création du genre humain, l'antiquité trop exagérée de la terre. Les jours de *Moyfe* font probablement des périodes dont chacun s'étend au-delà de vingt-quatre heures ; mais on n'a aucunes preuves qu'ils doivent s'étendre à des milliers d'années.

X. Voici ce que je pense par une induction très-conséquente à l'histoire de *Moyse*, qui sera en même-tems si conforme à la Physique de notre système que les Astronômes & les Physiciens ne pourront jamais prouver le contraire par les connoissances que nous avons du Ciel & de la terre jusqu'à présent. Je commence par remarquer, & je désire qu'on l'ait toûjours présent à la mémoire, que *Moyse*, en nous faisant le tableau de la création, ne place sur le devant, d'une maniere détaillée & très-distincte, que la partie de notre système solaire & les seuls objets qui peuvent nous regarder directement ; les autres parties du système, dont le détail ne nous est pas nécessaire, ni dans le sens physique ni dans le sens moral, sont placées dans le lointain du Tableau, & peintes presque en masse par des traits jettés négligemment & comme au hasard. Les objets principaux qui nous regardent de près, sont la terre avec toutes ses productions dans un très-grand détail ; un peu plus loin sont les deux élémens de l'air & du feu, ou de la matiere électrique, que l'on peut exprimer encore avec le célebre *Newton*, par le mot *Ether*; viennent enfuite les deux grandes lumieres, comme *Moyſe* les appelle, la lune & le ſoleil, & tout-à-fait au fond du tableau dans le lointain & comme en maſſe, les étoiles fixes toutes enſemble avec les cinq grandes planettes, qui ſe confondent avec elles aux yeux de tous les ſpectateurs ordinaires, ou les hommes en général. En effet *Moyſe* écrit pour tout le genre humain, & non pas pour les Aſtronomes ou les Philoſophes en particulier, qui ne ſont qu'une portion très-petite de l'Univers. Il diſtingue néanmoins très-expreſſément, & c'eſt une choſe bien digne de remarque, l'élément de la lumiere du corps du ſoleil, en développant les quatre grands principes dans un ordre philoſophique ſelon leurs différens dégrés d'exaltation. La lumiere, qui eſt la plus exaltée des ſubſtances matérielles, paroît à l'aurore du premier période, & le ſoleil ne commence à agir ſur la terre qu'aux premiers inſtans du quatrieme. En cela l'Auteur Sacré confirme l'opinion de pluſieurs Philoſophes, qui ne regardent pas la lumiere, avec le Chevalier *Newton*, comme une émanation immédiate des parties détachées du ſoleil, mais qui la diſtinguent, comme les cloches, ou tout autre corps ſonore, ſont diſtingués de l'élément de l'air : dans cette vue le soleil n'agit sur la terre, qu'au moment où il doit agir immédiatement après la fin du troisieme période, quand la terre par sa propre chaleur a déja fait paroître les végétaux, & précisément au commencement du quatrieme, qui se touchent. Il n'y a rien dans tout cela qui ne soit absolument conforme à la chaîne physique.

XI. Cela posé préalablement, j'ose avancer comme une hypothése assez probable, & nullement contraire à l'Ecriture Sainte, que Dieu en préparant la terre principalement pour l'habitation du genre humain, dont il avoit d'avance créé la matiere, a créé de même la matiere nécessaire pour tout le reste de notre systême solaire, & l'a disposée d'une maniere semblable, quoique *Moyse*, qui ne parle qu'aux hommes, se borne principalement à ce qui regarde la terre directement ; le reste du tableau est, sous-entendu ou vû, comme je l'ai déja dit, dans le lointain. La raison en est simple, c'est que notre terre n'est qu'une très-petite portion du total, & se trouve, quant à ses fonctions, nécessairement liée avec le systême entier. Cette raison ne s'applique pas en même tems à la création, & à la disposition nécessaire des autres parties de l'Univers ; car non-seulement en regardant avec les Philosophes les étoiles fixes comme autant de soleils, dont chacun est le centre d'un monde à part, il n'est pas nécessaire qu'elles ayent été créées en même-tems que notre système, avec lequel elles n'ont, non plus qu'entre elles-mêmes, aucune liaison physique, mais il est assez probable, par ce que l'on peut déduire de l'Ecriture Sainte indirectement, qu'elles percent, par leur antiquité, bien avant dans l'éternité, & qu'elles ont existé long-tems, même avant notre terre & notre soleil. Parmi des systêmes, dont chacun fait un tout à part, il suffit à des esprits intellectuels que leur liaison soit seulement morale quant à l'ordre général & quant à l'échelle totale de perfectibilité qui monte vers le Créateur, s'approchant toûjours de l'infini, & toûjours infiniment éloignée; parce que la succession, pourvû qu'elle se fasse dans l'ordre d'un plan préétabli, ne fait aucun tort à leur liaison entre eux : l'Ecriture même semble reculer leur antiquité au-delà du terme de notre systême, quand elle fait parler ainsi la Divinité à Job. *Ubi eras, quando ponebam fundamenta terræ..... cum me laudarent simul astra matutina?* chap. 38. v. 4 & 7. Où étiez-vous, lorsque je posois les fondemens de la terre....: lorsque les astres du matin me louoient tous ensemble ? car l'épithéte *matutina* ou *du matin*,

appliquée

sur la Nature & la Religion. 65

appliquée aux étoiles, exprime ici & souvent ailleurs, une priorité d'exiftence, comme nous le prouverons ci-après, & quoiqu'en difent les Commentateurs, en détournant le texte à un fens moral & métaphorique, il eft affez probable que le mot, *étoiles*, doit être pris littérallement, comme lorfque le Pfalmifte dit, *Laudate eum omnes ftellæ & lumen; laudate eum cæli cælorum.* Pf. 148. Quant à *Moyfe*, après avoir peint avec la plus grande exactitude la Cofmogonie, piéce par piéce, pour tout ce qui nous regarde directement, & après avoir dit que toutes les différentes parties ont été faites fucceffivement en conféquence d'une volonté fpéciale de Dieu pour chaque partie, loin d'affirmer la chofe touchant les étoiles, il ajoûte fimplement : *& il créa les étoiles.* v. 16. Cela femble dire affez clairement qu'elles préexiftoient déja créés antérieurement, pour la plus grande partie, fi nous en exceptons les cinq grandes planettes, Saturne, & Jupiter avec leurs Satellites, Mars, Vénus, & Mercure, qui ne font que fous-entendues, comme des chofes étrangéres à la plupart du genre humain, quoique liées aftronomiquement avec notre fyftême, & formées par conféquent en même-tems, à-peu-près, que la terre.

XII. Or fi tous ces différens mondes ont été

faits & distribués successivement, chacun dans son période, comme les différentes parties de notre système solaire, & comme celles de notre globe terrestre en particulier; si cette distribution & cette disposition successives descendent par une échelle toûjours graduée, & telle que nous la voyons dans la petite portion de la nature qui tombe sous nos sens; si le nombre des mondes, quoique fini, est néanmoins immense ; *si tu peux compter les étoiles du Ciel, dit Dieu à Abraham ;* si pour les créer & pour les distribuer ensuite, il faut de même un nombre proportionnel de périodes, qui percent bien avant dans l'éternité ; si le mot *dies* ou jour, quand il s'agit de la création de quelque monde dans le langage de l'Ecriture Sainte, doit s'entendre d'un période de tems indéfini pour nous & inconnu ; & si le nom *d'antiquus dierum*, ou d'ancien des jours attribué à la Divinité, veut dire celui qui a existé avant toutes les choses créées & de toute éternité, dont ces périodes si nombreux ne sont encore que des parties infinitesimales, de façon qu'au lieu de *l'ancien des jours*, on peut substituer celui qui est avant tous ces périodes proportionnels en nombre aux mille milliards de mondes qui existent actuellement, alors on recule l'antiquité de la création prise dans toute son étendue, d'une maniere incommensurable pour nous, & notre système qui nous paroît si considérable & si étonnant, n'est que la production la moins parfaite, la plus nouvelle, & le dernier de tous les ouvrages divins.

XIII. Exposons maintenant tous les différens textes tirés de l'Ecriture Sainte, dans lesquels le mot *dies*, ou *jour*, est employé pour signifier un période, afin que l'on voie clairement que je ne veux rien hasarder dans mes assertions, ni profiter de l'obscurité de certaines expressions pour établir mon opinion. Dans tout livre Sacré, ou même profane, quand il s'agit de preuves, dont toute la force dépend de leur autorité, on n'admet d'autre interprétation que celle qui se trouve clairement prouvée par plusieurs passages tirés de ce même livre. Je commence par cette partie même de la Genèse qui traite immédiatement de la Cosmogonie, & j'invite à faire de nouveau la remarque que j'ai déja faite, dans une lettre à M. *de Buffon*, c'est-à-dire que *Moyse* se sert des termes *matin*, *soir* & *jour* avant la production, ou plutôt avant l'action du soleil sur cette substance élastique, ethérée, qui remplit tout le système, pour produire les vibrations lumineuses, enfin avant le mouvement journalier de la terre, qui fait la mesure d'un

E ij

jour naturel de 24 heures. De cette seule remarque, on forme aussi-tôt un préjugé légitime contre l'interprétation ordinaire de ce mot *jour*, que l'on veut restreindre à la mesure d'un jour naturel même avant son existence ; & comment peut-on entendre ces paroles *matin* & *soir* dans ce même sens, si la terre alors ne tournoit pas sur son axe, & si elle n'étoit pas encore éclairée successivement sur ses différens hémisphéres par l'action du soleil ? *matin* & *soir* donc, dans le langage de l'Ecriture Sainte, ne peuvent signifier autre chose que le commencement & la fin d'un période ou simplement *avant* & *après*, comme dans le 24ᵉ. chap. de la Genèse, v. 27. *Benjamin est un loup, le matin il ravira sa proie, & le soir il partagera ses dépouilles.* Ce texte est traduit littéralement de l'Hébreu, qui différe un peu de la Vulgate, & *S. Augustin* lui-même explique les deux mots *matin* & *soir*, par *avant* & *après*. Voici une suite de textes, tirés presque de chaque livre de l'Ecriture Sainte, où le mot *dies* est pris pour un période de tems, qui ne peut pas s'entendre d'un jour naturel de 24 heures.

XIV. Gen. Chap. 2. v. 4. *Moyse* fait une récapitulation de toute la Cosmogonie, en réduisant les six jours ou périodes à un seul qu'il exprime par le mot *dies* ou *jour*. *Istæ sunt genera-*

tiones cœli & terræ, quando creata funt, in die quo fecit Dominus Deus cœlum & terram & omne virgultum agri, &c. Telle a été l'origine du Ciel & de la terre, & c'est ainsi qu'ils furent faits au jour que le Seigneur les créa, & toutes les plantes des champs, &c. *Gen. Chap. 35. v. 3. Deo qui exaudivit me in die tribulationis & focius fuit itineris mei.* A Dieu qui m'a exaucé dans le jour de ma disgrace, & qui m'a conduit dans mon voyage. *Exod. Chap. 6. v. 28. Iste est Moyses & Aaron in die quâ locutus est Dominus ad Moysen in terrâ Ægypti.* C'est au jour auquel Dieu a parlé à Moyse & à Aaron dans la terre d'Egypte : Or ce jour renferme clairement tous les différens tems, où le Seigneur a daigné se montrer & parler à ce Prophête. *Exod. Chap. 9. v. 18. Qualis non fuit in Egypto à die quâ fundata est usque ad præsens tempus.* Telle qu'on n'en a jamais vû en Egypte depuis le jour de sa fondation jusqu'au tems présent. Or l'Egypte n'a pas été formée dans un jour de 24 heures. *Exod. Chap. 32. v. 34. Ego autem in die ultionis visitabo hoc peccatum eorum.* Dans le jour de ma vengeance, &c. *Liv. des Nombres. Chap. 3. v. 1. Hæ sunt generationes Aaron & Moysi, in die quâ locutus est Dominus ad Moysen in monte Sinai.* Or Dieu a parlé à Moyse sur le mont Sinaï plusieurs fois dans des tems différens :

le mot *jour* eſt ici un terme qui les comprend tous enſemble. *Deut. Chap. 32. v. 35. Juxtà eſt dies perditionis, & adeſſe feſtinant tempora.* Le jour de deſtruction n'eſt pas loin & les tems s'approchent. *Livre des Juges. Chap. 18. v. 1.* (Remarquez que *le jour* au ſingulier, & *les tems* au pluriel ſont ſynonimes.) *Dan quærebat poſſeſſionem ſibi...... uſque ad illum enim diem inter cæteras Tribus ſortem non acceperat.* La Tribu de Dan cherchoit à s'établir....... Car juſqu'à ce jour, elle n'avoit pas encore eu ſon lot parmi les autres Tribus. Or la priſe de poſſeſſion n'étoit pas certainement l'affaire de 24 heures. *Liv. premier des Rois. Chap. 3. v. 12. In die illâ ſuſcitabo adversùm Heli omnia quæ locutus ſum, ſuper domum ejus ; incipiam & complebo.* Dans ce jour je ſuſciterai contre Heli tout ce que j'ai prédit concernant ſa maiſon ; je le commencerai & l'accomplirai. *Chap. 8. v. 18. Et clamabitis in die illâ à facie Regis veſtri quem elegiſtis.* Vous vous plaindrez dans ce jour du Roi que vous vous êtes choiſi, c'eſt-à-dire de ſa tirannie & de votre eſclavage.... *Liv. 3. des Rois. Percutiet domum Jeroboam in hoc die & in hoc tempore.* Il frappera la famille de Jéroboam dans ce jour & dans ce tems. *Pſ. 60. v. 7. Annos ejus uſque in diem generationis & generationis.* Les années de ſa vie ſeront égales au jour de plusieurs générations, ou à un période de plusieurs années. *Pf. 19. 3. In die virtutis tuæ.* Dans le jour, ou pendant le tems de votre force. *Pf. 136. v. 7. In die Jerusalem.* Dans le jour de l'affliction de Jérusalem, pendant qu'elle étoit assiégée par le Roi de Babylone... *Ecclef. Chap. 18. v. 8. Numerus dierum hominum, ut multùm, centum anni, quasi gutta aquæ maris deputati sunt & sicut calculus arenæ, sic exigui anni in die ævi.* La vie de l'homme la plus longue n'est que de cent ans, c'est une goutte d'eau de la mer, ou comme un grain de sable au prix du jour de l'éternité. *Chap. 4. v. 2.* Le Prophéte prédisant la gloire & la magnificence de l'Eglise de Jesus-Christ, dit, *in die illâ,* dans ce jour, ou pendant ce période de tems. *Chap. 11. v. 10. In die illâ radix Jesse qui stat in signum populorum, ipsum gentes deprecabuntur.* Dans ce jour, la racine de Jessé qui est élevée comme un signal pour les peuples, les Nations lui adresseront leurs priéres... *Jer. Chap. 17. v. 16. Diem hominis non desideravi, tu scis.* Vous sçavez que je n'ai jamais désiré le jour, ou ce genre de vie que les hommes souhaitent si ardemment. *Abdias. Ch. 1. v. 12. Et non despicies in die patris tui, in die peregrinationis ejus.* Pendant le jour de ton pere & pendant le jour de son pélerinage, c'est-à-dire pendant sa vie mortelle. Johan. Cap. 8. v. 56. *Abraham pater vester exultavit ut videret diem meum.* Abraham votre pere se réjouissoit dans le désir de voir mon jour, c'est-à-dire de voir Jesus-Christ en chair pendant le cours de sa vie mortelle de trente-trois ans. Ep. de S. Paul aux Hébr. Chap. 3. v. 8. & Ps. 94. v. 8. *Hodiè si vocem ejus audieritis, nolite obdurare corda vestra, sicut in exacerbatione, secundùm diem tentationis in deserto, ubi tentaverunt me patres vestri, probaverunt & viderunt opera mea quadragintà annis.* Si vous entendez aujourd'hui sa voix, n'endurcissez point vos cœurs comme au jour ou au tems de la tentation dans le désert, où vos peres me tenterent & où ils virent les merveilles que j'opérai durant quarante ans.

Voilà une forte preuve de ce que j'avance sur la signification métaphorique, & qui est très-fréquente dans les Auteurs Sacrés, du mot *dies* ou *jour*, puisque le même Texte la détermine expressément, & l'étend jusqu'à près de quinze mille fois vingt-quatre heures. C'est un période enfin de quarante ans, exprimé en Hébreu au singulier & par le même mot précisément comme aux autres Textes que j'ai déja cités ci-dessus, dont *Moyse* se sert quand il nous décrit la Cosmogonie de l'univers.

XV. A cette multitude de Textes que j'ai trouvés sans faire beaucoup de recherches, j'en pourrois encore ajouter d'autres si ceux-ci ne suffisoient pas pour nous montrer que le mot *dies* ou *jour* doit nécessairement être pris dans un sens plus étendu que sa signification propre, pour une saison, un période fixe, ou enfin pour un tems indéfini : mais sans entrer dans un plus grand détail des passages de l'Ecriture, ceux qui se sont un peu familiarisés avec le langage de l'Ecriture, se rappelleront aisément les phrases suivantes qui se présentent à chaque instant, par exemple, *in die æstatis ; die frigoris, die Messis ; vastitatis, superbiæ, consolationis, furoris Domini, afflictionis, tribulationis ; die malorum, belli, vindictæ, ultionis, angustiæ, obductionis & vindictæ, adolescentiæ, senectutis, consilii, divitiarum, paupertatis, agnitionis, vindemiæ Domini, hæreditatis, interfectionis multorum, perditionis.* Et sur-tout cette expression très-remarquable de S. Pierre. Ep. 2. Chap. 3. v. 18. *Ipsi gloria & nunc & in diem æternitatis.* A notre Sauveur Jesus-Christ gloire dès-à-présent jusqu'au jour de l'éternité ; c'est-à-dire selon le style de l'Ecriture Sainte, pendant le présent période, qui est le septieme, ou celui du repos, pendant les six de la création jusqu'au période de l'éternité, qui étant un dans toutes ses parties infinies, sans changement, est très-bien représenté, quoiqu'infini en durée, sous la figure d'un seul jour naturel, comme la terre est représentée sous la forme d'un globe si petit, qu'un pouce équivaut à mille lieues de sa circonférence. Ce n'est que dans le même sens que l'on peut bien entendre encore les Textes suivans, qui se répétent souvent en parlant des impies multipliés en grand nombre & qui blasphément tous les jours contre la Loi de Dieu; en parlant de la fin du période présent le Psalmiste dit: *convertentur ad vesperam*, ils s'en repentiront vers le soir, *& famem patientur ut canes*, ils seront affamés comme des chiens. *Ps. 58. v. 7. v. 15. & Ps. 29. v. 6.* où l'on voit par tout ce qui précéde, que le Prophéte adressant son discours aux Justes, les console sur les misères de cette vie par l'espérance de la joie dont ils seront comblés *au matin* du nouveau période, qui doit succéder au soir du période présent. C'est encore dans le style de *Moyse*, *factumque est vespere & mane dies unus*, & du soir & du matin se fit le premier jour, que le Psalmiste dit, *ad vesperum demorabitur fletus, & ad matutinum lætitia*. Ils pleureront le soir, & ils se réjouiront le matin. Soph. Chap. 3. v. 5. *Dominus justus . . . . mane, mane judicium suum dabit in lucem, & non abs-*

condetur. Dieu est juste.... au matin, au matin il manifestera ses jugemens, & il ne se cachera pas. Le Psalmiste dit aussi dans le même sens, en parlant de la punition des Impies & de la gloire future des Justes après la fin du monde présent : *In inferno positi sunt & dominabuntur eis justi in matutino*. Ils sont plongés dans l'enfer, & les Justes, opprimés dans cette vie, leur commanderont au matin de la vie future.

Je ne finirois point si j'entreprenois de rapporter tous les Textes, où le soir & le matin doivent s'entendre absolument dans le sens d'*avant* & d'*après*, ou de la fin & du commencement de deux tems différens, qui se succédent, comme l'on voit dans Sophonie, chap. 3. v. 3. *Judices ejus lupi vespere, non relinquebant in mane* : mais je crois avoir prouvé assez clairement que les Philosophes peuvent, sans blesser la Religion, étendre l'antiquité de la terre bien au-delà du terme de la Chronologie de *Moyse*, qui ne regarde que la naissance du genre humain, si la raison & l'observation le demandent nécessairement ; c'est ce que nous verrons ci-après. En attendant, l'avantage qu'ils auront, par ce moyen, les mettra plus à leur aise, & leur donnera la liberté de faire des recherches utiles à la Physique, dont la Religion, qui ne peut être contraire à la nature, n'a rien à craindre. Quant à moi, je peux leur faire généreusement cette conceffion, quoique je ne fois pas toûjours de leurs avis & je ferai encore en état de combattre leurs objections.

XVI. Or pour pouvoir affirmer qu'au tems d'où *Moyfe* part, en commençant fa Cofmogonie par le Chaos, la terre fortoit alors d'une révolution qui l'avoit réduite en ruines, il faut premierement des traces phyfiques très-fortes imprimées vifiblement fur elle, & qui paroiffent encore aujourd'hui, de maniere qu'elles ne puiffent admettre ni favorifer aucune autre hypothéfe, & que les conféquences que l'on en tire, puiffent quadrer avec le récit de l'Auteur Sacré : en un mot, il faut que cette idée de la préexiftence de notre globe foit conforme de toute néceffité avec la nature & avec la révélation.

Maintenant, & ce que je vais dire eft très-clair, la nature ne dépofe pas néceffairement en faveur de cette hypothéfe, puifque fi la terre fortoit alors d'une révolution qui l'avoit mife en ruines, c'eft au feu, le plus puiffant de tous les élémens, qu'il faut avoir recours, comme au feul agent d'une force qui paroît fuffifante pour effectuer une révolution complette, & pour la ramener en quelque façon à fes premiers principes. Or les feules traces qui nous reftent encore de l'action jadis opérée par cet élément, & qui ne font nullemenr équivoques, fe trouvent pour la plûpart dans les différentes chaînes des montagnes qui ferpentent fur fa furface, & ces traces ne font que fuperficielles. J'ai dit qu'il falloit des traces qui ne fuffent *nullement équivoques*, car qui veut faire entrer en ligne de compte l'immenfe quantité des fables que nous voyons par-tout, doit premierement commencer par me démontrer qu'ils font véritablement des particules d'un verre brifé, qui doit fon exiftence au feu, plutôt que du cryftal réduit en pouffière & formé par le froid fuivant le procédé par lequel les cryftaux ordinaires fe forment au fommet des montagnes, au fond des cavernes de la terre, dans les mines & même par-tout fur fa fuperficie; c'eft fur quoi on n'a encore jamais fait des recherches décifives, mais j'en parlerai encore plus amplement dans la fuite.

XVII. Selon la Cofmogonie de *Moyfe*, telle étoit la nature du chaos, ou plutôt de la maffe vitale de la matiere d'où la terre eft fortie avec fon fyftême, que tous les élémens furent parfaitement enveloppés & amalgamés enfemble. Maintenant il s'agit non-feulement de réconcilier l'hypothéfe d'un feu deftructeur avec ce fait affirmé par *Moyſe*, mais auſſi d'en avoir des preuves certaines & ſolides, empruntées de l'état préſent de la terre : or, en partant de certaines traces ſuperficielles, dont une partie conſidérable eſt équivoque, & qui ne pénétrent pas plus profondément qu'une trente-huit millieme partie de ſa ſolidité, on n'héſitera pas à prononcer ſans crainte que toute la maſſe de la terre a été réduite en ruines juſqu'au centre par l'action de l'élément du feu. C'eſt en effet trop avancer par une concluſion anticipée, parce que la conſéquence s'étend trente-huit mille fois au-delà de ſon antécédent : ce n'eſt pas encore là tout ; non-ſeulement on eſt forcé par l'hypothéſe de ſe contenter des apparences les plus légeres ſans aucun égard aux calculs, mais d'employer auſſi un agent, qui, quoique le plus puiſſant de tous les quatre élémens, n'a pourtant pas la force néceſſaire pour produire l'effet que l'on demande. Le feu, en quantité ſuffiſante, peut fort bien détruire la forme des ſubſtances terreſtres, même juſqu'au centre, nous le ſçavons, & c'eſt un effet que nous attendons, quand Dieu jugera à propos de s'en ſervir, comme il le déclare, à la fin du monde ; mais ni le feu, ni aucune force créée, que nous connoiſſons, ne ſont capables de diſſoudre & de confondre ensemble les premiers principes des quatre élémens, de maniere qu'ils se trouvent parfaitement amalgamés ensemble sous la figure d'une masse fluide, sans qu'il en reste la moindre trace d'aucun, pas même du feu, qui a dévoré les autres. Voilà pourtant à quoi il nous faut revenir, si nous voulons accorder ce systême imaginaire avec la Cosmogonie de *Moyse* : & si on la rejette, je demanderai toûjours aux Naturalistes comment ils prétendent soutenir un fait dont il ne reste aucune trace qui puisse nous en convaincre, & sur quoi ils fonderont la réalité de leur hypothése, si elle ne peut se constater ni par la révélation, ni par la raison qui lui sont contraires, ni par la Physique, ni par la tradition qui ne disent rien en sa faveur. Enfin à quoi bon, sans preuves & sans nécessité, vouloir reculer l'existence de notre globe au-delà des six périodes de *Moyse*, puisqu'il ne peut exister sans avoir eu un commencement ; & six milliers, ou soixante milliers ou six cens millions d'années prises sur l'éternité ne sont-ils pas par-tout des parties infinitésimales également éloignées en rétrogradant, si on les mesure sur un terme infini qui n'a point de commencement ?

XVIII. Mais si l'on ne peut pas raisonnablement porter plus loin l'âge de la terre en franchissant les bornes établies par l'Auteur sacré au commencement de sa Cosmogonie, examinons maintenant, si du moins il n'est pas possible de l'étendre quelques milliers d'années en allongeant les six périodes à volonté au-delà de la chronologie du genre humain fixée par *Moyse*, & qui se réduit aux sept mille ans, tout au plus, en suivant celle des Septante, confirmée par le Texte Samaritain.

Nous avons déjà prouvé que ces périodes ne sont pas définis, & que par-conséquent on peut les étendre, sans blesser la Religion, aussi loin que la raison & l'observation semblent le demander. Or sur ce point les Philosophes, quoiqu'en pleine liberté de construire des hypothéses à volonté, ne sont & ne seront jamais d'accord, parce que les preuves ne peuvent être décisives, ni les observations suffisamment étendues pour établir solidement après cela une thése positive.

Les observations physiques, dont on se sert communément pour raisonner sur l'âge de la terre, peuvent être distribuées en deux classes qu'il ne faut pas confondre. Une de ces deux classes renferme les preuves tirées de la disposition des couches qui composent la superficie de la terre, & de leur construction, des matériaux

riaux dont elles sont faites en plusieurs endroits, de la distribution réguliere des dépouilles de la mer, de l'enchaînement des montagnes, de leur gisement & de leur direction, enfin de leur continuation au-dessous des eaux de la mer en passant sans interruption de continent en continent: l'autre classe comprend toutes les traces physiques d'un changement passager & superficiel, le dérangement de ces mêmes couches, l'enfoncement de plusieurs corps terrestres, comme de plantes & d'animaux, jettés ensemble pêle mêle, sans aucun égard au climat, & dont plusieurs nous viennent de très-loin, la confusion en plusieurs endroits de ces mêmes corps marins, ce qui indique un dérangement qui n'est pas naturel, enfin des marques évidentes d'une ruine qui paroît sur toute la surface de la terre, opérée par quelque cause physique, puissante, universelle & passagère, telle que nous la trouvons décrite dans l'histoire du déluge par *Moyse*. Or aucun de ces deux genres d'observations physiques ne prouve nécessairement la très-grande antiquité de la terre, & ne demande pas que les six périodes de *Moyse* soient d'une plus grande durée que la simple nature des élémens amalgamés ensemble qui se séparent successivement en occupant leurs places respectives, & que le tempéramment des différentes productions qui se développent ensuite pour remplir & peupler toutes les parties de la terre, peuvent le requérir. Cette opération successive & compliquée pourra allonger la durée de chaque période bien au-delà de l'espace de 24 heures, mais jamais la porter jusqu'à des milliers d'années comme certains Physiciens, suivant le plus célebre de nos jours, paroissent vouloir nous le persuader. Après avoir refuté leurs hypothéses d'une maniere claire & convaincante, je tâcherai d'établir un plan plus raisonnable, plus court, plus simple & beaucoup plus conforme à la nature.

XIX. La seule hypothése qui semble embrasser les deux genres de phénomenes sous un point de vue assez général, en même-tems qu'elle n'est nullement contraire à la Cosmogonie de *Moyse* entendue comme je viens de la présenter, est très-connue par la célébrité du grand Naturaliste qui la soutient, & la met, par la force de son esprit, dans un jour très-favorable. Elle plaîra sans doute & elle paroîtra en même-tems très-raisonnable aux esprits vifs qui aiment à parcourir rapidement d'un coup d'œil compréhensif une grande multitude d'objets, mais qui se lassent dans les voies étroites & difficiles de la stricte raison. Plaîra-t-elle également aux Philosophes lents & craintifs qui ne posent pas volontiers les pieds sans affermir d'avance chacun de leurs pas ? C'est ce que je suis porté à révoquer en doute par des motifs qui me paroissent forts & décisifs. Elle consiste, cette hypothése, à poser pour principe, conformément à ce que nous apprenons de *Moyse* & que la nature nous indique démonstrativement, que tous nos continens, avec les plus hautes montagnes qui les couronnent, ont été autrefois ensévelis sous les eaux de la mer. De ce principe, M. *de Buffon*, dont j'ambitionnerai toûjours de mériter l'estime, même en me déclarant d'un avis contraire, & dont je chérirai dans tous les tems la sincere amitié, part pour chercher la cause qui leur donne l'élévation présente de leur construction en couches concentriques, mêlées par-tout plus ou moins des dépouilles marines, & de leur disposition réguliere par des chaînes toûjours dirigées, pour la plûpart, vers les quatre points cardinaux du ciel, qui passent ensuite sans interruption par le bassin de la mer de continent en continent. Il assigne pour cause immédiate de cette même élévation des continens avec leurs montagnes respectives au-dessus du niveau présent de l'océan, de leur construction sous les eaux & de leur direction, le flux &

reflux, les courans perpétuels, enfin l'action constante des vagues de la mer, qui, après les avoir formés en creusant son bassin, les abandonne peu-à-peu à mesure qu'elle se retire dans des profondeurs, qui augmentent jusqu'à un certain point : les montagnes & les continens s'élevent en proportion, & quand sa force, arrivée à son terme de profondeur, cesse de creuser & d'avancer, elle recule alors sur elle-même en quelque façon, & retourne sur ses pas en minant insensiblement ce qu'elle vient de bâtir. Par ce moyen la terre & l'eau changent continuellement de lieu, & ce qui étoit autrefois de la terre ferme se trouve submergé, pendant que d'autres parties du globe couvertes par les eaux & habitées jadis par les poissons, s'élevent, se desséchent, s'affermissent & forment de nouveaux continens.

XX. Mais si les continens avec leurs montagnes respectives ont été formés jadis sous les eaux avant de se montrer, partie par les courans, partie par le flux & le reflux de la mer ; si ces deux causes sont inséparables, parce que le simple flux & reflux de la mer ne suffit pas pour répondre à l'universalité de ces montagnes sur toute la superficie du globe, à leur enchaînement & à leurs directions constantes vers les quatre points cardinaux du ciel, alors il faut de toute néceſſité chercher une cauſe phyſique des courans avant la production de ces mêmes montagnes : car la cauſe doit néceſſairement précéder ſon effet, & avoir pour ſon principe quelque choſe qui ſoit abſolument diſtingué & d'elle-même & de ſon effet. Dire que les montagnes ſont conſtruites par la force des courans, & que ces courans ſont déterminés dans leur route & dirigés par les montagnes, c'eſt ſe promener dans un cercle vitieux : aſſigner quelqu'autre cauſe phyſique plus ancienne, plus puiſſante, plus intime, productive, & diſpoſitive des montagnes & des courans qui en ſont une ſuite, c'eſt avoir tout dit : & quel beſoin pourra-t-on avoir d'appeller au ſecours dans ces cas leurs forces trop ſuperficielles, extérieures & très-variables, qui ſemblent faites plutôt pour détruire un ouvrage déja donné, que pour travailler ſur aucun plan régulier ? Or il eſt indubitable que l'inégalité du fond du baſſin de la mer & ces promontoires qui ſe jettent en avant, ſont les cauſes immédiates qui déterminent & dirigent les courans. C'eſt une vérité aſſez connue parmi les gens de mer & reconnue de M. *de Buffon* même, dont nous avons une preuve bien évidente dans une deſcription abrégée, qui nous vient de Norvege, du fameux courant de *Moschen*, appellé vulgairement le *Mosche-Strom*. On y voit distinctement les propriétés & les causes physiques de ce phénomene, & l'on y détruit diverses erreurs & quantité de fables que les Historiens & les Géographes ont débité à ce sujet, en même-tems que l'on applique heureusement à tous les autres courans nombre de circonstances communes que l'on remarque dans celui-ci, où la nature se peint en grand d'une maniere très-intéressante par la force & l'étendue du tableau.

XXI. „ Ce courant, qui tire son nom d'un
„ rocher, nommé *Moschen-Fieldt*, situé dans la
„ mer entre l'Isle de *Lofodden* & celle de *Wæron*,
„ s'étend jusqu'à quatre milles au midi & à une
„ égale distance au nord : il est extrêmement
„ rapide, principalement entre le rocher de
„ *Moschen* & la pointe de *Lofodden* ; mais sa
„ rapidité diminue, à mesure qu'il s'approche
„ des deux Isles de *Wæron* & de *Rost*, & il four-
„ nit sa course du nord au sud dans six heures,
„ & du sud au nord en autant de tems : il est
„ si violent qu'il forme quantité de tournoye-
„ mens ou grands tourbillons que les Norvégiens
„ appellent *Gaargamer*.

„ On croit qu'il est causé par une langue de
„ terre très-haute qui avance dans la mer de la

» longueur de seize lieues de Norvége, depuis
» la pointe de *Lofodden*, qui est l'extrêmité la
» plus occidentale jusqu'à la pointe opposée de
» *Loddingen*, son extrêmité orientale. Cette lan-
» gue de terre est environnée de la mer de tous
» côtés ; soit que la marée monte, soit qu'elle
» descende, l'eau s'arrête toûjours auprès de
» cette terre, & ne peut trouver issue que par
» les détroits, ou passages qui partagent cette
» langue de terre en autant de parties. Quelques-
» uns de ces détroits n'ont qu'un demi-quart de
» mille de largeur : il y en a qui sont encore
» moins larges, & par-conséquent ils ne peuvent
» recevoir qu'une très-petite quantité d'eau. Il
» arrive donc de là que quand la mer monte,
» l'eau qui coule vers le nord se trouve arrêtée
» en grande partie au midi de cette langue de
» terre, & devient ainsi beaucoup plus haute
» du côté méridional que du côté septentrional.
» De même lorsque la mer descend & qu'elle
» coule vers le midi, les eaux se trouvent en
» grande partie arrêtées au nord de la langue
» de terre, & deviennent plus hautes du côté
» septentrional que du côté méridional. L'eau,
» qui s'arrête de cette façon, tantôt d'un côté,
» tantôt de l'autre, ne peut trouver issue qu'entre
» la pointe de *Lofodden* & l'Isle de *Wæron*, &

» entre cette derniere Isle & celle de *Rost*. La
» pente qu'elle a en passant fait la rapidité du
» courant, & c'est pour cette raison qu'elle aug-
» mente près de la pointe de *Lofodden*; cette
» pointe étant plus proche de l'endroit où l'eau
» s'errête, la pente y est aussi plus considérable,
» & plus le courant s'élargit vers les Isles de
» *Wæron* & de *Rost*, plus il perd de sa rapidité«.
Toutes ces circonstances concourent à prouver
clairement que ce fameux courant doit entierement
son existence & sa force à la forme & à
la situation des terres qui s'élevent au-dessus de
son niveau, & qu'en général les élévations qui
sont au fond de la mer, & les courans respectifs, sont les uns & les autres des corrélatifs
toûjours dans l'ordre de cause & d'effet.

» Ce courant ne suit point le flux & le reflux
» de la mer, au contraire il leur est entiérement
» opposé; car lorsque les eaux de l'*océan* mon-
» tent, elles avancent du *midi* au *nord*, au lieu
» que le courant de *Moschen* va alors du *nord*
» au *midi*; & lorsque la mer descend, ses eaux
» coulent du *nord* au *midi*, tandis que celles
» de ce courant vont du *midi* au *nord*.

» Ce qu'il y a de plus remarquable, c'est que,
» ni en avant ni en arrière, ce courant ne va
» point en droite ligne comme les autres cou-

» rans que l'on voit dans plusieurs détroits où
» il y a flux & reflux, mais il décrit une espece
» de cercle. Lorsque les eaux de l'*océan* sont à
» demi-flot, le courant va au *sud-sud-est*, & plus
» la mer monte, plus le courant tourne vers le
» *sud*, ensuite du *sud* au *sud-ouest*, & de-là à
» l'*ouest* : quand la mer est en plein flot, le cou-
» rant tourne au *nord-ouest* & enfin au *nord*, &
» vers la moitié du reflux de la mer, il reprend
» son cours, après s'être arrêté quelques mo-
» mens. La difficulté est de sçavoir s'il continue
» à aller en avant ou s'il rebrousse chemin, c'est-
» à-dire s'il court à l'*est* ou à l'*ouest*. Les habitans
» du pays croyent qu'il tourne du côté de l'*est*,
» qu'il va du *nord* par le *nord-est*, à l'*est*, & de-là
» par le *sud-est* au *sud*, & qu'ainsi il fait le tour
» de la boussole en douze heures ; mais il est
» probable que ceux qui ont donné lieu à cette
» opinion se sont trompés dans leurs observa-
» tions. En effet, il repugne à la nature que le
» courant puisse retourner par l'*est* : il faut né-
» cessairement qu'il retourne par l'*ouest* en pre-
» nant son cours du *nord* au *midi*, comme il a
» fait en allant du *midi au nord* ; c'est ce que l'on
» montrera clairement lorsqu'on parlera des cau-
» ses de ce courant & de sa circulation.

» Le vrai phénomene est donc que ce courant

» va en arrière du *sud-sud-est* par l'*ouest* au *nord*
» & du *nord* au *sud-est* par le même côté : s'il ne
» retournoit pas par le même chemin, il seroit
» difficile & presque impossible de passer de la
» pointe de *Lofodden* aux deux grandes Isles
» de *Wæron* & de *Rost*, & ces deux Isles, qui
» forment aujourd'hui une paroisse entiere, se
» trouveroient par-là sans habitans : mais com-
» me le courant tourne de la maniere que l'on
» vient de le dire, ceux qui veulent passer de
» la pointe de *Lofodden* à ces deux Isles, atten-
» dent le demi-flot, auquel tems le courant tourne
» à l'*est*, & lorsqu'ils veulent repasser à ladite
» pointe, ils attendent que le reflux de la mer
» soit à demi, parce qu'alors le courant les porte
» vers le continent, & de cette maniere on passe
» & repasse sans difficulté.

» Les tourbillons qu'il forme ont donné lieu
» à diverses fables, que les gens peu instruits
» ont débitées à ce sujet : on a avancé, entr'au-
» tres, que ces tourbillons mettoient en pieces
» & broyoient tout ce qui en approchoit, &
» qu'ils étoient si violens qu'une baleine ne pou-
» voit pas y résister; mais l'expérience fait voir le
» contraire, puisque si l'on jette un morceau de
» bois, le tourbillon s'arrête & disparoît aussi-tôt;
» d'ailleurs on trouve dans ces endroits quantité
» de poissons.

» Il est cependant certain que c'est une mer-
» veille de la nature qu'une masse liquide fasse
» des tourbillons qui ont souvent quatre brasses
» de diamétre. Plusieurs personnes qui ont voulu
» en chercher la cause, ont supposé qu'il y avoit
» sous l'eau des écueils qui occasionnent ces tour-
» noyemens, ce qui ne sçauroit être fondé, puis-
» que l'on sçait que les écueils, bien loin de les
» causer, les empêchent : c'est donc dans le cours
» rapide & turbulent de ce courant que l'on doit
» en chercher la cause. Pour cet effet on pose
» deux principes, fondés l'un & l'autre sur les
» loix du mouvement : le premier est que lors-
» qu'un corps qui se meut en rencontre un autre
» qui l'empêche d'avancer en ligne directe, il
» bricole, ou se meut en ligne circulaire : l'eau
» étant un corps liquide ne sçauroit bricoler,
» elle est donc contrainte de circuler : le second
» principe est que dans un espace, où une masse
» d'eau court rapidement & confusément, il est
» impossible qu'une colonne d'eau ne se meuve
» plus fortement que l'autre : c'est ce que l'on
» voit tous les jours distinctement dans les riviè-
» res & les ruisseaux.

» Ce qu'il y a de plus merveilleux dans ce cou-
» rant & qui mérite que l'on y fasse attention,
» c'est qu'il ne va pas en ligne directe comme

» la plûpart des autres courans, mais qu'il fléchit
» peu-à-peu du *midi* au *nord*, & enfuite du *nord*
» au *midi*. Ce phénomene eft néanmoins aifé à
» comprendre, fi l'on obferve que ce courant
» eft contraire au cours de la mer, d'où il s'en-
» fuit qu'en fe rencontrant, l'un empêche les
» progrès de l'autre : la mer ne peut rien faire
» contre le courant au commencement du flux
» & du reflux, mais lorfqu'elle eft à demi-flot,
» ou à demi-reflux, elle acquiert affez de force
» pour s'y oppofer, le courant ne pouvant alors
» fléchir à l'*eft*, parce que l'eau s'y arrête toû-
» jours auprès de la terre de *Lofodden*, il eft
» contraint de fe tourner vers l'*oueft* où l'eau eft
» plus baffe «.

XXII. Maintenant, fi nous généralifons nos vues, ce qui nous refte après cette defcription pour principe général & commun à tous les autres courans de la mer, fe tire uniquement de la forme des terres maritimes, de leur direction, & des gifemens des côtes qui fe jettent dans la mer ; & ce qui eft particulier au courant de *Mofchen*, à fçavoir fa circulation par laquelle il différe des autres, eft purement accidentel & local : mais quoique les courans ordinaires les plus connus fuivent à-peu près, pour la plûpart, des lignes droites, nous devons préfumer qu'il se trouve très-souvent dans la grande étendue de la mer des variétés locales en grand nombre, qui changent leur direction, sans jamais pouvoir les réduire à la regle générale qui doit gouverner la cause productrice des montagnes. Nous sçavons qu'il y a des courans qui vont dans toutes les directions possibles; il y en a encore dans la même partie de la mer de supérieurs & d'inférieurs, qui vont en sens contraire; & il y en a sans doute qui se détournent, qui serpentent & circulent, parce que, dans le nombre de tant de directions différentes qu'ils sont forcés de prendre, ils doivent très-souvent rencontrer le flux & reflux, comme celui de *Moschen*. Jugez si une cause si variable, & si irréguliere, peut produire un effet si réglé, si lié, si ordonné, comme sont les grandes chaînes des montagnes sur la terre.

XXIII. Mais pour ne pas nous exposer aux railleries de ceux qui, semblables aux démons de *Milton* assemblés, commencent par nous débiter des oracles sur les attributs de Dieu, ou sur les ouvrages de la nature, & finissent par des sifflemens, nous n'imiterons pas certains Philosophes qui ne pouvoient pas s'accorder entr'eux, pour sçavoir *si la poule existoit avant l'œuf, ou l'œuf avant la poule*. Et afin d'éviter un inconviennent de cette nature, transportons-nous au moment, dont parle *Moyse*, lorsque les eaux ont commencé à se séparer de la terre ferme, & ne cherchons pas à juger de l'état de notre globe dans son enfance par l'état présent. Autant vaudroit-il prétendre juger de l'aspect ancien & des mœurs de l'Allemagne, de la France & de l'Angleterre, dans le tems de *Jules-César*, par la disposition présente ; ou à l'imitation du célebre *Montesquieu*, qui sommeille quelquefois, assortir la politique regnante & les différentes Religions du monde aux climats, & les en faire dépendre, en partant de la distribution présente des choses, sans considérer que la seule Religion, qui en mérite aujourd'hui le nom, après être née en Judée, semblable au soleil & aux sciences, parcourt successivement tous les pays. De même tout a eu un commencement, excepté Dieu, & a changé de forme depuis sur notre globe, d'autant que tout est d'une nature périssable, & par-conséquent il s'ensuit nécessairement, ou que la terre est sortie des mains de Dieu couverte de ses montagnes, qui se trouvent actuellement élevées au-dessus du niveau de la mer par la retraite des eaux dans les souterreins, ou que si le lit de la mer étoit alors parfaitement arrondi, il n'y avoit aucune autre cause *exté-*

rieure, qui pût le rendre inégal & le creuser, que le simple flux & reflux sans courans, excepté ceux qui auroient été produits par les vents, & qui sur un fonds uni ne peuvent être que superficiels : je dis une *cause extérieure*, car nous parlerons après des forces intérieures, qui sont bien plus puissantes que toutes les causes extérieures, & plus que suffisantes, avec la force centrifuge, pour former toutes les grandes chaînes de montagnes sur un plan donné avec toute la régularité requise. Or le simple flux & reflux de la mer, qui commence à opérer sur la surface lisse du bassin, & qui ensuite, selon l'hypothése, vient à se réunir aux aspérités naissantes, & forme des courans, dont les forces augmentent continuellement, non - seulement n'est pas capable de couvrir & d'investir la terre de montagnes sur aucun plan régulier, puisque l'effet doit répondre à la cause qui est toute irréguliere, mais il ne parviendra peut - être jamais à les élever au-dessus du niveau des eaux pour faire paroître la terre ferme, ou s'il y parvient après bien des efforts, il lui faudra un tems presqu'infini, dont la longue durée sera accompagnée de conséquences physiques, irréconciliables avec la nature : mon argument se tirera des principes mêmes de l'hypothése, & comme les Orateurs s'expriment, *ex visceribus causæ.*

XXIV. La plus grande difficulté que je trouve contre ce syftême nouveau, dans la fuppofition d'un parfait arrondiffement du fond de la mer, eft que le flux & le reflux dans chaque hémifphére fuivra toûjours des lignes droites, dirigées vers tous les points du compas, par la raifon que rien ne fe préfente encore fur une furface ronde qui l'en détourne en lui réfiftant, & qui forme les courans que l'on fçait n'être, par leur nature, qu'une caufe fecondaire; il faut en excepter les vents, dont l'effet, pour la plûpart, eft toûjours fuperficiel, fur un fond uni, comme je l'ai déja remarqué ; & quoiqu'à mefure que la lune agit fucceffivement fur les eaux entre les Tropiques, le double reflux de chaque hémifphere fe rencontre par oppofition à tout moment, les fables que ces deux forces contraires pouffent devant elles ne peuvent s'arrêter fous aucun méridien, parce que, bien loin d'être fixées, leur point de concours varie continuellement. Il n'y a qu'aux feuls pôles qu'elles fe rencontreront conftamment, & par-conféquent il n'y a que là qu'aidées encore par une force gravitante dans les matieres amoncelées, qui augmente fans ceffe depuis l'équateur, elles doivent néceffairement commencer par faire paroître la terre ferme. Il arrivera donc dans cette vue

précifément

précisément le contraire de ce que nous obſervons ; les plus hautes montagnes ſe trouveront ſous les pôles ; la force centrifuge, qui agira très-bien avec une force intérieure expanſive pour donner plus d'élévation ſous l'équateur, conformément aux phénomenes, produit ici, en concours avec le flux de la mer, un effet abſolument contraire ; & les deux continens polaires, qui augmentent à meſure & s'étendent autour de ces deux points, s'approcheront toûjours, en laiſſant entre-deux un baſſin parallele à l'équateur. Ce baſſin ſe creuſera en conſéquence, deviendra de jour en jour plus profond, entourera le globe, &, ſe rétréciſſant de plus en plus, préſentera à-peu-près l'aſpect des bandes qui environnent la planete de Jupiter parallelement à ſon équateur : or tout ce tableau ne reſſemble en rien au vrai tableau de notre terre, on ne peut donc pas, ſi on perſiſte à ſoutenir la nouvelle hypothéſe de la mer comme cauſe productrice de l'élévation, de l'ordre & de l'enchaînement des montagnes, commencer par la ſuppoſition d'un globe liſſe & arrondi.

XXV. Il ne nous reſte par-conſéquent, pour donner tout l'avantage poſſible à cette hypothéſe, que de ſuppoſer qu'aux premiers inſtans l'action de la mer a trouvé des montagnes ſous les eaux déja formées fur un certain plan régulier, tel à-peu-près que la nature nous le préfente actuellement. Cela eft d'autant plus aifé à croire, qu'il faut de toute néceffité donner une figure déterminée quelconque à la terre au premier moment de fon exiftence, & qu'il ne coûte pas plus à la Divinité de lui donner celle d'un globe hériffé de montagnes fur un plan régulier, que celle d'une furface unie ; par ce moyen, les amis de cette hypothéfe auront tout ce qu'ils peuvent défirer de plus favorable, & l'action de la mer qui fe partagera en mille directions différentes par une oppofition conftante & variée, d'où naîtront autant de courans, travaillera fur un plan régulier déja donné : malgré tous ces avantages, je crains encore non-feulement que ces forces ne s'employent plutôt à ruiner la forme réguliere & primitive des chaînes données qu'à l'entretenir, mais auffi qu'elles ne parviennent jamais à les faire paroître au-deffus du niveau de la mer, ou fi elles y réuffiffent après plufieurs milliers de fiécles, que les conféquences phyfiques ne foient funeftes au fyftême que l'on cherche à étayer par leur moyen. En un mot, felon le plus célebre Phyficien de nos jours, & certainement perfonne n'a jamais vû la nature prife dans fon total d'un œil plus compréhenfif, *les courans sont produits par le mouvement des marées, & suivent dans leur direction celle des inégalités du fond de la mer, sans aucune exception* * ; par-conséquent ils supposent nécessairement la préexistence de ces mêmes inégalités : de plus, *ces mêmes courans ont tous*, selon le même Auteur, *une largeur déterminée & qui ne varie point ; & cette largeur dépend de l'intervalle qui se trouve entre les montagnes de la mer qui leur servent de bords ;* donc, sans entrer dans les différentes questions, si ceux qui sont produits immédiatement par les vents sont plus que superficiels ; si les vents, en général si variables, peuvent opérer sur un plan donné pour produire des courans conservateurs ou architectes d'un enchaînement réglé ; ou si les vents alisés, qui, selon M. *de Buffon*, causent des courans constans, qui vont comme les vents, six mois dans une direction & six mois dans la direction opposée, peuvent nous donner, en fait de montagnes, quelque chose de stable & de permanent. Je dis que, sans entrer dans toutes ces questions, qui sont en quelque façon étrangeres à l'hypothése, je dois conclure, pour simplifier mon objet, que tout se réduit à des courans causés immédiatement, & dirigés par des inégalités qui dévancent l'état

* Hist. Nat. du Cabinet du Roi, vol. I, pag. 448.

présent de la nature, & qui doivent exister avec la terre dans son origine.

XXVI. Cela posé pour principe nécessaire, voici ce que l'on demande de ces forces, ou de cette action compliquée, composée des vents, des courans & de la gravitation universelle réciproque, chef, moteur & principal ressort de toute la machine, premierement d'opérer sur la surface donnée, semée préalablement d'inégalités, suivant un plan réglé, pour creuser par tout le bassin de plus en plus, & de faire paroître ces inégalités primitives de la mer au-dessus du niveau de ses eaux, jusqu'à la hauteur de près de quatre mille toises; secondement de travailler en même-tems à détruire en partie ce qui a déja été élevé; troisièmement de transporter ces ruines ailleurs, afin de nous donner dans d'autres climats de nouvelles élévations d'égale hauteur, qui doivent s'accorder dans leur enchaînement avec le plan primitif; quatrièmement de nous manifester par les phénomenes actuels, que l'aspect présent de la terre est l'ouvrage de plusieurs changemens, ou de révolutions alternatives entre l'eau & la terre ferme.

Or si telle est la nature des courans, selon l'hypothése, qu'ils doivent travailler en même-tems à creuser leur bassin, détruire en partie les digues déja posées, & transporter ailleurs les matériaux pour faire de nouvelles élévations, toutes ces actions si différentes entr'elles se trouveront opposées de maniere que les montagnes ne s'éleveront jamais au-dessus du niveau des eaux, ou que dumoins l'opération demandera un tems d'une si longue durée, que les effets seront absolument contraires à l'aspect présent du globe terrestre : car si les nouveaux amas sont en proportion des ruines, comme ils doivent l'être, non-seulement l'effraction des digues affoiblira les forces des courans & les empêchera de creuser leur bassin, mais les montagnes marines seront continuellement transportées d'un lieu à un autre d'une maniere tout-à-fait irréguliere & destructive du plan primitif, sans jamais s'élever au-dessus du niveau des eaux de l'océan : si au contraire il nous est permis, en faveur de l'hypothése, de supposer qu'il n'y aura plus de proportion entre les amas & les ruines, dont des accidens purement locaux, ou la différence très-variée des matériaux, peuvent détruire l'exact équilibre, la moindre difficulté sera le tems énorme qu'il faut avant que les amas se forment en quantité suffisante, afin de résister aux forces des courans & s'élever au-dessus de leur niveau jusqu'à la hauteur requise.

Ce tems peut fe calculer en quelque façon par l'accroiffement des terres en différentes contrées & par l'éloignement actuel de certaines villes qui étoient autrefois des ports de mer, en prenant un certain milieu dans le nombre total de ces faits hiftoriques. Cette proportion eft d'autant plus jufte, que les phénomenes d'où elle eft tirée, font eux-mêmes les prétendues conféquences phyfiques & immédiates qui ont donné lieu à l'hypothéfe. Or la proportion qui peut provenir de tous ces phénomenes combinés, appliquée à la deftruction future des deux continens actuels d'Afie & d'Afrique pour en former de nouveaux ailleurs, donne pour le tems requis environ trois millions d'années, comme il eft facile de le vérifier par les mefures géographiques.

Il s'agit ici des terres actuellement formées fur lefquelles les courans peuvent agir ; mais fi nous partons du commencement du globe terreftre, il faut ajouter à ce nombre déja trouvé le tems néceffaire que ces mêmes forces demanderont, vû les obftacles qu'elles rencontreront & les retardemens qu'elles éprouveront en fe contre-carrant par des effets contraires, comme nous l'avons obfervé, pour creufer le baffin actuel & donner aux montagnes la hauteur requife : ce tems eft très-confidérable, comme on le voit,

& il échappe à tout calcul faute d'élémens ; mais je le mets à part, & je m'en tiens à trois millions d'années déja donnés par l'autre calcul & qu'on ne peut pas me refuser, sous prétexte que dans l'enfance du globe terrestre, les parties solides étant moins liées, les courans auront travaillé avec bien plus de vîtesse à produire les changemens demandés par l'hypothése : car non-seulement dans l'enfance de la terre, mais même en tout tems, les courans, qui maintenant agissent sur la base des continens pour les démolir insensiblement, attaquent également les sables mouvans & des parties entierement imbibées des eaux de la mer, & par-conséquent également disposées à se désunir & à s'écrouler : le seul cas que l'on doit excepter est celui de la pétrification ; or les parties solides du globe, qui se pétrifient avec l'âge, si elles sont massives, ne sont pas dans un état qui leur permette d'être désunies ou transportées ailleurs par les courans.

XXIX. Voici donc mes réfléxions sur les conséquences physiques de ce terme de trois millions d'années, ou de tout autre terme, dont l'extrême longueur est absolument contraire aux phénomenes & à l'aspect présent de la terre. Je pars des principes mêmes, dont on veut étayer l'hypothése, sçavoir que des recherches exactes, faites sur les différentes couches en différens endroits de la terre, indiquent, par la distribution, l'ordre & la profondeur des dépouilles de la mer & autres matieres, un changement alternatif entre l'eau & la terre, & que notre globe porte depuis l'origine du monde l'empreinte & les restes successifs d'un nombre considérable de siécles, par la conservation d'une certaine partie de ces mêmes dépouilles marines & d'autres matieres terrestres. La multiplication de toute espéce quelconque est égale à la consommation, ou si elle est au-dessous, l'espéce périra immanquablement après une certaine suite d'années. Je donne à la Grande Bretagne pour la consommation annuelle de la seule espéce des huîtres le nombre de dix millions égal au nombre des habitans: on pourra même, sans craindre aucun excès dans le calcul, assigner ce même nombre aux seuls citoyens de la ville de Londres, puisque l'un portant l'autre, il ne montera guère au-delà de dix par tête. Je mesure les côtes de la Grande Bretagne, & je les trouve égales à la soixante-quatrième partie de toutes les côtes des terres connues prises ensemble. On remarquera que je ne fonde mes calculs que sur une espéce de coquille, tandis qu'il y en a une infinité qui existent dans la mer, & que par-conséquent, quoique toutes les côtes ne donnent pas des huîtres, toutes les côtes connues donnent au moins des coquilles de différente espece : & si dans le total il s'y en trouve un grand nombre qui sont bien plus petites & moins massives que l'espece que j'ai choisie, il y en a aussi dans toute cette classe, que l'on appelle *Conchæ pelagiæ*, (sans compter les os des gros poissons & mille autres especes de dépouilles marines qui se conservent également bien,) une infinité d'especes qui les surpassent cent fois & mille fois même en masse & en grandeur : or dix millions multipliés par soixante-quatre & ensuite par trois millions d'années, produiront un nombre de seize figures qui, si nous les réduisons en masse solide composée d'huîtres ou d'autres coquilles, nous en donneront une presque aussi grande que celle du globe terrestre ; donc s'il en échappe une sur cent, & que la terre, comme on le suppose, porte en dépouilles marines l'empreinte de son âge, nous aurons pour résultat un sol qui ne sera composé que de coquilles en forme naturelle, sans compter les autres dépouilles de la mer dont il existe une infinité d'especes, jusqu'à quelques lieues au moins de profondeur, sur un diamétre de trois milliers qui est celui du globe entier. Premiere difficulté contre l'hypothése nouvelle, tirée de l'aspect présent de la terre.

XXX. Je me persuade que l'on n'aura rien à objecter contre la vérité du calcul précédent; mais pour nous ôter tout scrupule, & nous convaincre que loin de profiter avec rigueur des principes que la nature m'offre dans toute leur étendue, j'ai donné plutôt dans l'extrême opposé pour éviter les apparences contraires à mon raisonnement, je ne puis mieux faire que de citer M. *de Buffon* lui-même sur la multiplication de la seule espece des huitres: » cette quan- » tité si considérable de coquilles, (qu'on trouve » dans la terre) nous étonnera moins, si nous » faisons attention à quelques circonstances qu'il » est bon de ne pas omettre ; la premiere est » que les coquillages se multiplient prodigieuse- » ment & qu'ils croissent en fort peu de tems ; » l'abondance d'individus, dans chaque espece, » prouve leur fécondité ; on a un exemple de » cette grande multiplication dans les huitres : » on enleve quelquefois dans un seul jour un vo- » lume de ces coquillages de plusieurs toises de » grosseur, on diminue considérablement en assez » peu de tems les rochers dont on les sépare, » & il semble qu'on épuise les autres endroits » où on les pêche ; cependant l'année suivante » on en retrouve autant qu'il y en avoit aupa- » ravant, on ne s'apperçoit pas que la quantité » des huitres soit diminuée, & je ne sçache pas

» qu'on ait jamais épuisé les endroits où elles
» viennent naturellement. Une seconde atten-
» tion qu'il faut faire, c'est que les coquilles font
» d'une substance analogue à la pierre, qu'elles
» se conservent très-long-tems dans les matieres
» molles, qu'elles se pétrifient aisément dans les
» matieres dures, & que ces productions mari-
» nes & ces coquilles que nous trouvons sur la
» terre étant les dépouilles de plusieurs siécles,
» elles ont dû former un volume fort considé-
» rable «. Hist. Nat. vol. I, pag. 271, 272. On
peut ajouter que si elles se conservent plusieurs
siécles, parce qu'il n'y a aucun dissolvant universel pour elles dans l'état présent des choses,
elles se conserveront si la terre se conserve éternellement.

XXXI. Il est très-certain que nous voyons
tous les jours des changemens naturels de l'argile en pierre faits en très-peu de tems sur les
montagnes ; la chaux se convertit de même en
verre, mais nous ne voyons aucun retour de ce
verre en chaux : l'argile & le sable ne sont que
du verre ou du caillou brisé, & formé par la
vitrification, ou la crystallisation. Toute espece
d'eau est chargée de matieres pierreuses ; qu'on
laisse tomber une goutte d'eau de pluie sur un
verre bien uni & qu'on la fasse évaporer, on

sera étonné de la quantité de substance dure qu'elle déposera. Un gros grain de grêle est encore plus chargé de ces matieres pierreuses. Le Chevalier *Newton* lui-même a bien remarqué que les solides augmentent par-tout aux dépens des fluides, & c'est pour trouver un remede à un inconvénient qui n'est qu'une conséquence ordonnée par la Divinité de la nature périssable de la terre, qu'il croyoit les Comètes destinées à réparer ce défaut par les vapeurs qu'elles distribuoient à chaque partie du système. Il n'y a même guère aucun Physicien, bien versé dans cette partie, qui ne voie que notre habitation dépérit & change insensiblement, & qu'elle n'a jamais été faite pour subsister long-tems ; les montagnes qui s'affaissent ; les vallons qui se comblent peu-à-peu & les substances terrestres qui se durcissent, lui confirment cette vérité : En général l'ouvrage de la pétrification dans la mer, comme dans la terre, est beaucoup plus efficace, plus prompt & plus fréquent que l'ouvrage de la dissolution, par rapport aux pierres, aux marbres & aux autres corps durs déja formés, dont il y a deux exemples assez remarquables dans des Mémoires de l'Académie des Inscriptions & Belles-Lettres. Le premier est une monoie de *Probus*, élu Empereur l'année deux cens soixante-seize, tirée d'une carrière dans la plus grande épaisseur d'une grosse pierre de taille, sans aucune fracture par où elle eût pû s'introduire dans un corps de cette solidité ; & le second est un morceau de bronze, qui faisoit partie d'une parure militaire romaine, que l'on a trouvé de même au milieu de la masse solide d'une pierre meuliere, dont l'espece étoit très-dure & grommeleuse *.

Or on auroit été très-naturellement porté à donner plus de tems à la formation de ces deux masses énormes, si le tems précis n'avoit pas été déterminé ; d'où j'infére que si la terre étoit de la date, je ne dis pas de trois millions d'années, mais même de tout autre terme beaucoup antérieur à la Chronologie du genre humain, tel sur-tout qu'il le faudroit pour faire une seule fois le changement complet de l'eau en terre, toute la matiere terrestre auroit déja été presque changée en pierre.

Pour donner de la force à ce raisonnement contre la trop grande durée du système présent, qui dérive de la disposition prompte & naturelle, que diverses matieres terrestres ont par-tout à

---

* Ces deux faits se prêtent un secours mutuel & peuvent servir à fixer les idées sur la formation des pierres. *Mem. de l'Acad. des Insc. vol.* 27, p. 174.

s'unir, à s'endurcir, & à se pétrifier sans qu'il y ait un diffolvant univerfel affez puiffant pour les réfoudre à mefure, il eft très-à-propos de remarquer ici que, quoique les maffes les plus dures fe forment en fort peu de tems, comme nous l'avons vû ci-deffus, ces mêmes maffes, pour la plûpart, ne fe réduiront jamais probablement à leurs premiers principes avant la diffolution générale annoncée dans l'Ecriture Sainte. La preuve démonftrative de cette vérité fe tire des pyramides, des obélifques & des autres monumens d'Egypte, qui depuis trois mille ans qu'ils exiftent, expofés aux pluies & à tous les vents, loin de fe diffoudre, n'en font devenus que plus durs. A ces marques, il eft évident que la plus grande partie de tout ce que notre foibleffe peut atteindre fur le globe terreftre, auroit été aujourd'hui ou pétrifiée, ou incruftée d'une maniere impénétrable fi ce globe avoit fubfifté, ou qu'il doit le devenir en peu de fiécles, s'il faut qu'il dure auffi long-tems que quelques fyftêmes modernes le demandent. Nous n'imitons que trop la folie des anciens Romains, qui, pendant que leur Empire attaqué de tous les côtés par les Nations barbares tendoit vifiblement à fa fin, ne vantoient rien tant que la ftabilité de leur demeure. Combien de Médailles menfongeres confacrées à leur

Roma æterna, subsistent encore après les monumens qu'elles représentent ! Que l'on considere à quoi ont abouti leurs folles espérances. Rome n'est plus : il ne reste souvent de ses Héros que des statues tronquées, inconnues, sans tête, mais avec cette pompeuse inscription sur leurs bases, *De Viro Immortali*, qui ne sert maintenant qu'à causer des disputes intarissables parmi les Savans de nos Académies. Sommes-nous plus sages actuellement ? & pourroit-on se flatter, malgré la sentence prononcée par la Divinité & confirmée par la nature, que la terre ait reçu de son Créateur la puissance de se renouveller éternellement en faveur d'une race si chétive que celle qui l'habite ?

Poursuivons les causes physiques qui travaillent depuis près de cinq mille ans, & entrons dans un plus grand détail de toutes ces révolutions.

La matiere n'est guère plus stable que la morale, & depuis une quinzaine de siécles la physique même de la terre est totalement changée aux environs de Paris, aussi-bien que le caractère des habitans. *Cesar*, dans ses Commentaires, Liv. 7, dit que de son tems cette ville étoit environnée de marais, & c'est peut-être à cause de sa situation qu'elle portoit le nom de Lutece. On peut conclure de fon état préfent, comparé avec l'état paffé, que les eaux chargées probablement de matieres calcaires, telles que celles que les eaux d'Arcueil charrient encore aujourd'hui, ont formé les carrières que nous trouvons actuellement par-tout, qu'elles ont pénétré à travers les vuides des matieres, & ont uni les parties de diverfes couches compofées de coquilles ou d'autres fubftances foffiles en des maffes folides.

Julien l'Apoftat, parlant de fa chere ville de Lutece, nous affure dans fon *Mifopogon* que le fleuve qui l'environne de toutes parts eft prefque toûjours au même état fans enfler ni diminuer confidérablement ; que l'eau en eft très-pure & très-agréable à boire ; que les hivers y font fort doux pour l'ordinaire & moins rudes qu'ailleurs; qu'il y croît dans les environs d'excellent vin & que les figuiers y étoient devenus fort communs ; qu'on les couvroit de paille pendant le froid pour les défendre contre les injures du tems ; & enfin que les habitans de cette ancienne ville étoient laborieux, infatiguables, fobres, équitables, ouverts, ennemis de la flatterie & méprifant fouverainement la molleffe & tous les divertiffemens frivoles. *Mifopog.* pag. 93 & 94.

Les anciennes annales de France parlent d'un droit de chaffe exclufif pour les oifeaux aquatiques

tiques qui se trouvoient alors en très-grande quantité dans les marais des environs de Paris, donné aux Moines de l'Abbaye de St. Germain-des-Prés par *Childebert*. Quant au Physique présent du terrein qui environne cette ville, c'est une remarque communiquée par un ami curieux & très-bon Observateur, que d'un côté de la riviere il différe presque totalement de celui qui est de l'autre bord, en ce que les matieres calcaires paroissent se trouver presque exclusivement au-delà d'un de ses rivages & les talqueuses au-delà de l'autre. En effet toutes les carrières, si je ne me trompe, sont sur le côté gauche en descendant, ainsi que les eaux calcaires d'Arcueil ; & les montagnes de sable ou de matieres talqueuses, comme celle de Montmartre, sont sur le côté droit.

On y trouve aussi des cailloux dispersés dans la campagne, ou posés par couches : ces cailloux sont regardés par certains Physiciens comme des matieres à demi-vitrifieés très-anciennement & comme les produits du feu. Or il est certain que l'on rencontre souvent des coquilles au milieu de ces pierres, & quelquefois des huitres ou d'autres poissons : actuellement il existe un caillou parfait dans le Cabinet d'Histoire Naturelle des Bénédictins Anglois, dans lequel on voit la coquille complette d'une huitre trouvée près de Paris par une personne de ma connoissance. C'est donc une démonstration physique des plus complettes que ces matieres n'ont jamais passé par le feu, & qu'elles se forment par une espece de cryſtalliſation imparfaite qui procéde de la puissance du soufre. La preuve se tire de ces cailloux ronds sans noyau, dans lesquels on trouve très-souvent un vuide au milieu, & des aiguilles parfaitement cryſtallisées, claires & tranſparentes qui partent de la circonférence & aboutissent au centre. C'est en quoi, dit-on, les cryſtallisations sulfureuses différent des cryſtalliſations arsénicales qui se font toûjours en feuilles & par couches. Ne sera-t-il donc pas bien plus raisonnable de croire que toutes ces différentes ſubstances se forment à mesure & en très-peu de siécles, que de les attribuer à des causes physiques presque contemporaines au globe terreſtre? Au moins il est très-sûr que l'on ne risque pas tant de choquer la vraie Physique en employant par-tout des agens qui travaillent continuellement sous nos yeux, comme les cryſtallisations à froid de toute espece, qu'en cherchant des causes très-éloignées, équivoques & nullement nécessaires.

Les émanations sont fort communes par toute

la terre. Il y a très-peu d'années qu'une forêt entière a été subitement détruite par des vapeurs sulfureuses près de Fréjus. Les eaux minérales chaudes ou froides se trouvent généralement par tous les pays du monde. Personne n'ignore les effets du soufre qui travaille continuellement sous nos pieds à chaque pas que nous faisons en Italie. Les Isles flottantes près de Rome, les corps que l'on appelle *Gli confetti*, ou les confitures de Tivoli, les masses irrégulieres de différentes formes dans les mêmes cantons, semées par-tout d'empreintes de toutes sortes de végétaux & dont on trouve des couches entieres, ne sont que des amas d'un soufre qui enveloppe les substances qu'il rencontre, & que l'on montrera, si l'on veut, pour des restes du déluge, avec autant de raison peut-être que ceux qu'on nous présente très-souvent dans le même genre en les datant de cet événement. Les mêmes considérations doivent avoir lieu dans les recherches que les Physiciens font sur des couches entieres de la matiere qu'on appelle *Ostéocolla* ; elle pénétre à des profondeurs considérables ; elle enveloppe & consume les corps qu'elle rencontre, comme les bois, les plantes & les feuilles ; elle reçoit leurs empreintes, & tout cela se fait en peu de siécles. J'ai vû & examiné en Angleterre un lit de cette espece, qui renfermoit des bois de cerf, des défenses de sanglier, des couteaux & des haches de caillou des anciens Bretons. Ajoutons à tout cela, outre les carrieres nouvelles dont nous venons de parler, qui sont dans l'intérieur de la terre, les grosses pierres rondes & ovales formées à la superficie : ce ne sont dans leur origine, comme j'ai eû occasion de le remarquer moi-même dans les montagnes où le Pô prend sa source, que des masses d'argille détachées par les torrens, arrondies dans leur chûte & endurcies ensuite par l'action de l'air & de la chaleur du soleil. J'ai ramassé dans ces quartiers & ailleurs, dans les pays de montagnes, de ces corps, dont la forme & même la couleur étoient parfaitement ressemblantes à l'extérieur, mais dont les dégrés de consistance étoient très-différens, presque depuis l'argille primitive jusqu'aux pierres les plus dures & les plus solides.

Jugeons maintenant de ce qui se doit passer sur toute la superficie du globe terrestre par ce que nous venons de voir du seul local de Paris & de quelques autres lieux particuliers seulement, dont j'ai marqué les changemens physiques en assez petit nombre. C'est ma seconde difficulté contre l'hypothése en question tirée de l'état présent de la terre, qui n'est certainement pas, en grande partie & auſſi loin que notre foibleſſe peut pénétrer, celui de l'ancien monde.

XXXII. M. *de Buffon* remarque très-bien la juſte proportion qui regne entre les côtes de la mer & ſa profondeur. C'eſt un fait obſervé en général par tous nos Marins; & *Dampier*, un des plus judicieux, donne pour regle univerſelle, comme il l'a vérifié dans le cours des différens voyages qu'il a faits ſur preſque toutes les mers connues, que leur profondeur eſt toûjours dans la plus exacte proportion poſſible avec la hauteur des côtes qui les bordent. C'eſt de cette regle générale que M. *de Buffon* part avec raiſon pour prononcer que comme il y a ſur la terre des élévations de plus de trois mille toiſes au-deſſus du niveau des eaux, il y a de même dans la mer des profondeurs qui ſurpaſſent cette meſure. Or il ſuit directement de cette obſervation, (ſelon les principes de la nouvelle hypothéſe, ſi l'aſpect préſent des choſes dérive du changement alternatif de la terre & de la mer) que l'on doit trouver des dépouilles de la mer à toutes les profondeurs connues & à connoître juſqu'à la meſure de trois mille toiſes, & même au-delà en quantité conſidérable, maintenant le contraire paroît ; plus on deſcend en avant dans la terre, moins on trouve de ces dépouilles ; le plus grand nombre est toûjours vers la superficie, & leur ordre, ou emplacement naturel, est si bouleversé, que les *Conchæ Pelagiæ*, comme les Naturalistes les appellent, coquilles d'une grandeur démesurée qu'on ne trouve jamais sur nos côtes, parce qu'elles habitent constamment les parties les plus profondes de la mer, s'y voyent mêlées sans ordre avec les especes ordinaires jusqu'à la surface même de la terre ferme. On n'a jamais pû trouver, ni dans nos mines, ni ailleurs, les dépouilles de la mer d'aucune espece au-delà de deux cens toises, & elles y sont en moindre quantité à raison de la profondeur. C'est une observation que j'ai faite moi-même en différens pays. Il y a des mines de charbon en Angleterre que j'ai visitées, qui n'excédoient guère cent toises, où on n'en a jamais vû le moindre vestige. Ce renversement de la nature ne peut donc absolument provenir que d'un bouleversement de peu de durée, subit, passager, rapide & superficiel, & jamais de l'action lente, insensible, profonde & mesurée des coûrans. Que l'on se représente pour un instant cette même action ; selon les partisans de la nouvelle hypothése, elle ronge insensiblement la terre ferme d'un côté, pour bâtir de même insensiblement & laisser à sec de nouvelles terres dans quelque autre partie du

globe actuellement couvert des eaux de la mer;
par-conféquent les eaux, à mefure qu'elles gagnent du terrein, pouffent devant elles les fables mêlés des coquilles les plus petites & les plus légeres, foit qu'elles fe retirent, foit qu'elles s'avancent, enfouiffent les groffes dépouilles marines, & les grandes coquilles immobiles par leur poids dans les profondes cavités où elles fe trouvent uniquement, depuis cent, jufqu'à la profondeur même de trois mille toifes : or dans le fyftême que nous attaquons, il eft effentiel de croire que toutes les parties du baffin de la mer en deviennent les bords fucceffivement & par mefure. Cela étant, puifque les courans n'ont jamais la force d'élever les *Conchæ Pelagiæ* qui font d'une grandeur & d'un poids très-confidérable, & les pouffer devant eux vers les côtes, ce que l'expérience attefte, il s'enfuivra, felon l'hypothéfe même, que nous ne devons jamais trouver ces efpeces enfévelies dans nos terres, finon à de grandes profondeurs & jamais près de la furface. Ces grandes profondeurs, comme je l'ai obfervé, font évaluées à trois mille toifes environ, & les profondeurs ordinaires à cent, ou à cent cinquante ; maintenant, bien loin qu'il foit vrai qu'on ne trouve jamais ces coquilles énormes, ou autres coquilles de la mer afforties

avec elles par la nature, qu'à la profondeur de cent, ou de cent cinquane toiſes pour le moins, on ne les a au contraire jamais vûes, & j'en appelle à tous les Naturaliſtes, qu'aſſez près de la ſuperficie. Une preuve de cette vérité générale, entre pluſieurs que je ſuis en état de citer, ſe voit encore aujourd'hui près d'Aſti en Piédmont, dans une eſpéce de vallon élevé entre des montagnes : une quantité prodigieuſe de coquilles de toute eſpéce & d'autres dépouilles de la mer mêlées avec des *Conchæ pelagiæ* en grand nombre, dont pluſieurs ſont d'un volume & d'un poids très-conſidérable & qui n'ont jamais été faites pour habiter enſemble, ſe trouvent amoncelées, juſqu'à une très-grande élévation, à la ſurface de la terre même, ſans preſque aucune terre intermédiaire. C'eſt un fait que j'ai appris d'un Phyſicien du pays pendant mon ſéjour à Turin ; il eſt cependant très-clair, par l'hypothéſe, qu'il y a eu un tems où les montagnes qui touchent ce vallon, étoient les bords des eaux de la mer : par-conſéquent puiſque toutes ces différentes eſpéces hétérogenes, dont une partie ne peut être tranſportée par les courans ordinaires, ſe trouvent ainſi pêle mêle, il faut de toute néceſſité qu'un effet ſi contraire au procédé commun de la nature ſoit produit par quelque force extraordinaire, telle qu'une inondation & une éruption fubite, rapide & violente des eaux, qui, après avoir couvert les plus hautes montagnes, fe font retirées de même en peu de tems avec une impétuofité & une rapidité extraordinaires dans les fouterreins qu'elles occupoient auparavant. C'eft de ce tableau, peint d'après *Moyfe*, qu'il faut partir pour expliquer en grande partie les phénomenes que nous obfervons maintenant ; & c'eft à des caufes qu'il a marquées dans la courte defcription qu'il nous donne du déluge univerfel, qu'il faut attribuer principalement les traces & les ruines que l'on voit encore après cette cataftrophe dans les vallons & les montagnes, caufées par des courans très-rapides qui ont déchiré en fe retirant les couches, défiguré la furface & bouleverfé l'ordre de la nature. Certainement l'afpect de la terre feroit tout autre que celui qui nous refte des ruines que l'on y voit aujourd'hui, & il nous auroit marqué en quelque façon les époques diverfes d'une maniere moins équivoque, fi la marche des caufes phyfiques avoit été auffi lente & auffi compaffée que celle qui nous eft tracée dans la nouvelle hypothéfe. C'eft la troifième difficulté qui me porte à la rejetter.

XXXIII. Je me fouviens d'avoir été témoin

oculaire il y a quelques années de trois différentes époques distinctement tracées dans une couche de tourbe qui bordoit environ à vingt pieds de profondeur les deux côtés d'une rivière dans le Comté de Barkshire en Angleterre à douze mille au-delà de Reading, sur le grand chemin de Londres à Bath. Ces trois époques étoient si clairement marquées, qu'un curieux du voisinage y fit une collection fort ample, divisée en trois classes, selon l'ordre exact des substances fossiles, comme il les avoit trouvées en terre à des profondeurs différentes. Depuis quinze à vingt pieds on ne trouve jamais que des troncs d'arbres, des bois de cerf, beaucoup de défenses de sanglier, & d'autres dépouilles d'animaux sauvages, sans aucune marque d'habitation, ni le moindre vestige des hommes. A six pieds environ jusqu'à quinze les traces des animaux sauvages cessent de paroître, & l'on trouve assez souvent des espéces de petites fétiches ou d'idoles d'un travail grossier, des haches faites avec le caillou, des restes de pots de terre mal-figurés & mal-cuits, & d'autres marques d'hommes sauvages; vers la surface de la tourbe on voit au contraire, par ce qui reste des ouvrages de ce tems, l'époque des habitans plus polis, plus industrieux & plus sçavans. Ces trois espéces de fossiles s'étendent sur les bords de la rivière dans le même ordre pendant l'espace de quelques milles en longueur & d'environ cent pieds en largeur de chaque côté. La couche de tourbe qui les contient, est composée principalement de bois pourri, dont on voit encore de gros troncs enterrés, d'où l'on doit inférer que la rivière qui coule le long du vallon, a été autrefois beaucoup plus large, & bordée de forêts, de près & de loin, sur les deux chaînes des collines voisines. Les animaux, aussi bien que les hommes la fréquentoient sans doute & y laissoient de tems en tems quelques traces ; & comme probablement dans ces premiers siécles, les arbres abandonnés à eux-mêmes tomboient par le laps du tems, ou par de fréquentes inondations, ils ont contribué en grande partie à composer les deux couches de tourbe sur les deux bords ; insensiblement ces matieres en s'accumulant ont gagné sur la rivière en retrécissant toûjours son lit, qui maintenant est réduit à la largeur d'environ vingt pieds, & à mesure qu'elles avançoient, elles ont enfoui dans l'ordre que nous venons de décrire les divers fossiles que l'on y trouve encore aujourd'hui.

Voilà donc incontestablement des traces bien marquées & des preuves nullement équivoques des trois différentes époques. Voit-on quelque chose de semblable sur notre globe qui prouve également le changement alternatif & lent des terres & des eaux, sans aucune équivoque, je ne dis pas des traces bien visibles de plusieurs générations d'hommes, mais de végétaux, ou d'animaux dans un ordre qui paroisse de même répondre en quelque façon à des époques successives ? Mais, ce qui augmente l'incertitude, il suffit de considérer attentivement les grands changemens qui s'opèrent continuellement sur la superficie du globe terrestre par les torrens qui se précipitent, par les rivières qui sortent de leurs lits, par les pluies & les orages qui fondent sur nos terres, par les rochers qui s'écroulent, & les énormes avalanges de neige qui tombent dans les pays montagneux, par les végétaux de toute espèce, depuis le chêne jusqu'aux mousses qui croissent sur les pierres mêmes, & dont il y a plusieurs centaines d'espéces qui périssent en formant de nouvelles couches de terre; enfin par les anciens volcans qui se sont éteints, sans autre date que celle de leurs traces qui subsistent encore dans tous les pays connus, ou par d'autres plus modernes qui brûlent encore de nos jours ; & par les tremblemens, dont aucune partie de la terre où des *fur la Nature & la Religion.* 125

mers n'eſt exempte, qui embraſſent quelquefois tous les quatre continens à la fois, comme celui de 1755. Il eſt bon avec cela de remonter juſqu'aux cauſes phyſiques qui agiſſent ſi puiſſamment & ſi univerſellement depuis cinq mille ans & plus, pour affaiſſer les montagnes, pour combler les vallons, pour inonder de grands pays, ou pour les couvrir de nouvelles couches, pour ſoulever la terre, pour abſorber ou déraciner des montagnes, pour ſubſtituer de grands lacs à leur place, outre mille autres changemens inſenſibles, produits par s vapeurs minérales, qui s'exhalent & s'accumulent en maſſes ſolides, ou par des ſucs pierreux ou bitumineux qui pénétrent fort ſouvent des couches de terre & des montagnes entieres remplies de ſubſtances foſſiles, terreſtres & marines & les convertiſſent en marbre de toute eſpéce, tantôt en pierre, tantôt en charbon, en tourbe, ou dans d'autres matieres ; & ſi après cet examen on ſe remet les cauſes ſous les yeux dans un cabinet tranquille, on pourra dire alors : comment trouvera-t-on des preuves phyſiques de la nouvelle théorie ſur la ſuperficie d'un globe qui varie continuellement, & dont les changemens & les mélanges ſubſtantiels ſe ſont opérés pendant cinq mille ans, depuis nos mines les plus profondes, juſqu'à nos plus grandes élévations ? Comment peut-on s'assurer que les argumens purement locaux que l'on fait en sa faveur, sont d'une date assez reculée pour nous assurer de sa réalité ? ou si l'on trouve une certaine quantité de dépouilles marines & de corps terrestres, animaux ou végétaux en couches, ensévelis, même avec un certain ordre apparent, jusqu'à la profondeur, si l'on veut, de deux cens toises, comment doit-on s'y prendre pour démontrer qu'il ne s'agit pas ici d'un vallon comblé par quelqu'une de ces causes puissantes, dont les différentes substances fossiles que le déluge universel avoit laissées près de la surface, ont été entraînées & déposées, comme on les trouve à présent ? Peut on dire avec certitude & sans aucune équivoque que l'ordre, qui se trouve dans le local de toutes ces substances, est d'une très-ancienne date, & l'effet indubitable des courans, pendant que d'autres causes physiques beaucoup plus modernes, se présentent pour les produire d'une maniere plus simple & plus naturelle ? Enfin c'est dans les pays de montagnes que les plus grands changemens s'opèrent continuellement par les causes que nous venons d'indiquer ; or c'est au sein de ces mêmes montagnes principalement que nos recherches dans les mines & les carrières, qui s'y trouvent, ont été poussées jusqu'aux profondeurs les plus grandes ; rien par-conséquent de si incertain & de si équivoque que les conclusions que nous tirons de la disposition locale des fossiles, en faveur d'une hypothése, qui n'a aucune liaison nécessaire avec des phénomenes d'une date bien plus moderne. Les pays de plaines mêmes, quoique les changemens n'y soient pas à beaucoup près si fréquens, n'en sont néanmoins pas tout-à-fait exempts. La possibilité de ces changemens locaux dans les couches qui se présentent de tems en tems à nos recherches, affoiblit nos raisonnemens & y jette de l'incertitude, parce que les conséquences deviennent beaucoup plus étendues que les antécédens ; or les changemens auxquels les plaines sont sujettes proviennent de l'addition des nouvelles couches de sédiment qu'y déposeront les pluies continuelles dont chaque goutte est chargée, & par le dépérissement annuel d'un grand nombre de végétaux ; par la chûte successive des forêts & par les inondations des rivières voisines qui sortent de leur lit avec impétuosité, ou des torrens qui descendent avec fureur des lieux voisins & plus élevés. Nous avons presque par-tout des preuves de ces vérités ; en France, comme en Angleterre, dans le laps de peu de siécles, nous trouvons très-souvent des fondemens de bâtimens assez modernes enfoncés dans les plaines jusqu'à la profondeur de dix, quinze ou vingt-cinq pieds, & très-nouvellement, c'est-à-dire en 1757, on a découvert en Artois une chaussée romaine ensévelie sous les eaux & entourée d'une couche de tourbe, composée jusqu'à une profondeur considérable d'arbres entiers, les uns debout & les autres renversés; enfin elle renfermoit, selon la description donnée par M. le Comte *de Caylus*, jusqu'à des carcasses entieres d'animaux, de meubles & d'ustensiles dont on reconnoît l'usage, des vases, des moules, des armes & des médailles, comme on en retrouve plus ou moins dans tous les lieux qui fournissent la tourbe. Ces faits prouvent avec évidence l'accroissement de cette matiere dont l'abaissement des terres plus élevées, & qu'entraînent les pluies, est une des causes principales *.

Nous connoissons beaucoup moins la disposition des couches jusqu'à des profondeurs considérables dans les plaines, que dans les montagnes, parce que nous n'avons presque rien qui nous invite à creuser bien avant dans cette partie de la terre. Quelques puits ou quelques carrières de peu de profondeur ne suffisent pas;

* Voyez les Mémoires de l'Académie des Inscriptions & Belles-Lettres, vol. 27, pag. 141.

très-souvent on cesse de trouver à une petite distance de la surface, des coquilles, ou autres dépouilles marines; & si par hasard on les trouve quelquefois à deux ou trois cens pieds, l'argument que l'on veut tirer de cette découverte, en faveur de la nouvelle hypothése, n'est pas concluant autant par le défaut d'une profondeur suffisante que par l'incertitude du local, dont l'entiere composition peut n'être pas fort ancienne. Comment en effet sçavoir que le puits, ou la carrière que nous creusons, n'a pas été autrefois une espece de vallon comblé par des terres rapportées depuis quelques siécles seulement ? Enfin l'incertitude & l'insuffisance des preuves, qui semblent favoriser au premier coup d'œil le systême nouveau sur les courans, n'est que trop bien constatée, lorsqu'on les examine en détail, pour me permettre d'y souscrire. Et c'est la quatrième difficulté que j'avois à proposer contre sa réalité.

XXXIV. Il y a dans la lune des montagnes bien plus élevées que celles de la terre. On leur donne en hauteur un excès d'environ deux tiers par-dessus les nôtres, mesure connue géométriquement par l'ombre qu'elles projettent. Or la cause doit répondre à l'effet, & la force des eaux dans la lune, selon les principes de la nouvelle hypothéfe, eft par-conféquent fupérieure à celle de nos eaux dans la même proportion : fi cela étoit ainfi, & s'il y avoit dans cette planete des eaux d'une quantité fi confidérable, non-feulement nous obferverions quelquefois avec nos plus forts téléfcopes un changement de figure au limbe par la hauteur exceffive des marées, mais auffi d'autres phénomenes fe préfenteroient comme les conféquences néceffaires d'une atmofphére chargée de nuages & beaucoup plus denfe que celle de la terre. Sur les bords du croiffant nous voyons très-diftinctement les fommets éclairés des montagnes lunaires détachées du corps de la planete en forme de pointes lumineufes. Il eft en même-tems démontré que par nos meilleures lunettes nous découvrons des taches qui ne font pas plus grandes que la ville de Paris : ajoutez encore qu'il y a bien des années que la Sélénographie nous eft marquée fur nos cartes dans le plus grand détail, fans qu'il y ait eû la moindre variation indiquée par nos Obfervateurs, & fans qu'aucun Aftronome ait remarqué, ou des obfcurciffemens, ou des changemens de toute autre efpece dans la plus petite tache lunaire. De tous ces faits pris enfemble & de l'approximation fréquente des étoiles fixes aux limbes de la lune fans aucune réfraction fenfible, j'ai certainement raifon de conclure qu'il n'y a ni atmofphére denfe, ni nuages, ni grandes eaux, ni marées, ni courans deftructeurs de la terre ferme; par-conféquent les montagnes qui s'y trouvent proviennent de caufes plus intimes & plus effentielles à la conftitution de la planete que ne peuvent être des courans, ou toute autre caufe extérieure & fuperficielle; & c'eft ma cinquième objection contre la nouvelle hypothéfe.

XXXV. Après avoir dit mon fentiment fur la nouvelle théorie philofophique, que notre grand Naturalifte ne défapprouvera certainement pas, on remarquera que ma critique ne peut tomber fur cette théorie, que felon la maniere que je la conçois uniquement, & d'après la façon qu'elle me paroît être préfentée dans le premier volume de fon Hiftoire Naturelle. Si M. *de Buffon* veut admettre avec moi une force intérieure expanfive, modifiée par la gravitation, un feu central qui fe répand jufqu'à la fuperficie du globe, & dont lui-même trouve par-tout avec les Naturaliftes modernes les traces les plus évidentes, pour pouffer au dehors toutes les grandes chaînes des montagnes; s'il fait dériver la régularité marquée de ces chaînes, tant pour leurs directions, que pour leurs hauteurs refpectives, de ces deux causes physiques combinées ensemble, il s'approchera de si près de la Cosmogonie de *Moyse* & des phénomenes, que j'admettrai sans difficulté avec lui les courans comme de vraies causes secondaires, qui ont travaillé en conséquence à nous donner en partie l'aspect présent qui se voit sur l'extérieur de notre globe. La Cosmogonie de *Moyse* porte que la terre couverte au commencement, pendant les deux premiers périodes, d'une matiere fluide qui s'est développée ensuite en répandant au dehors la substance lumineuse & la matiere aërienne, s'est élevée après au-dessus de ce qui restoit alors, sous la forme d'eau pure, ou d'un troisième élément, après la séparation des deux premiers. C'est le *congregentur aquæ, quæ sub cælo sunt, in locum unum, & appareat arida* de *Moyse*; c'est la force expansive qui commence à pousser au-dehors & à diriger avec la force gravitante les grandes montagnes, dont nous voyons encore de tems en tems quelques effets dans ces Isles, qui se forment par la force des volcans marins au milieu des eaux ; ce sont ces courans par-conséquent qui se tendent avec précipitation dans le bassin de la mer formé en même-tems, & après la retraite du déluge ; & si tous ces phénomenes peuvent s'exécuter par une théorie quelconque dans un tems raisonnable, sans faire entrer ensuite un changement alternatif de l'eau & de la terre, contraire aux loix de la nature, par un excès de milliers ou de millions de siécles, comme nous l'avons prouvé ci-dessus, cette théorie répondra parfaitement aux six jours de la création mosaïque, pris pour des périodes de tems, dont la durée doit se régler par la physique de la terre. Je laisse ce soin à M. *de Buffon*, si jamais il juge à propos d'éclaircir les difficultés que j'ai l'honneur de lui présenter, en développant la théorie autant que les principes le demandent, & en la mettant ainsi à la portée de tous les Lecteurs.

Voici une occasion de présenter une idée neuve de M. *Linnæus*, qui revient parfaitement bien aux conséquences que nous cherchons à établir d'après l'Histoire sacrée, & à l'aspect présent de la terre, & qui fait en même-tems partie d'une hypothése assez probable que nous présentons maintenant, en l'abandonnant aux recherches des Physiciens. L'idée de ce Naturaliste est de démontrer qu'il suffisoit, pour remplir dans la suite la terre d'êtres vivans, d'en avoir à la création deux individus de chaque espece, l'un mâle, l'autre femelle. Il est certain déja que c'étoit-là le cas du genre humain, & cela par le témoignage de l'Ecriture Sainte, qui dit de plus que cette première paire fut placée dans le Paradis Terrestre, & qu'*Adam*, après avoir considéré pendant quelque tems les espéces, leur donna des noms propres, & expressifs de leur nature. C'est ainsi, dit-on, que les Tartares, par un seul mot composé, approprié ou à leurs chevaux ou à leurs chiens, expriment ensemble leur taille, leur couleur & toutes leurs qualités. C'est l'esprit de l'Ecriture Sainte, absolument contraire à celui de nos Philosophes modernes, d'attribuer toûjours à Dieu personnellement ce qui n'est très-souvent qu'une suite ordonnée des phénomenes physiques & de ne jamais séparer la nature de la providence particuliere, qui préside spécialement à tout événement quelconque. Personne par-conséquent tant soit peu au fait de son style, ne s'étonnera de sa façon de s'énoncer, quand elle dit : *Le Seigneur Dieu ayant donc formé de la terre tous les animaux terrestres & tous les oiseaux du ciel, il les amena devant Adam, afin qu'il vît comment il les appelleroit; & le nom qu'Adam donna à chacun est son véritable nom.* Gen. Cap. 11. v. 19 [*].

[*] Ce Texte de l'Ecriture Sainte semble confirmer, à n'en pouvoir douter, que les six jours de la création doivent être pris pour six périodes, comme nous l'avons

C'eſt ſans doute de ce témoignage poſitif que M. *Linnæus* eſt parti pour poſer comme principe qu'il n'y avoit au commencement que deux êtres de chaque eſpece d'animaux, & que toute cette partie de la création étoit aſſemblée devant *Adam* dans le même lieu; de plus on doit ſuppoſer, ce qui n'eſt nullement contraire aux loix de la nature, que dans ce tems, & même long-tems après juſqu'au déluge, eſpece d'époque qui répond au ſiécle d'or des Anciens, les hommes & les animaux maintenant carnivores, vivoient de végétaux, & que la terre produiſoit alors en abondance ſans culture. Dans cette vue la malédiction de Dieu contre la terre & ſes habitans ne s'exécuta pas tout de ſuite, mais par le laps du tems & principalement par le déluge, dont les cauſes phyſiques ſe préparoient de loin; événement qui a changé totalement & l'influence des élémens, & la conſtitution du ſol, & la nature des animaux & le tempérament du genre humain.

Une preuve aſſez forte de cette hypothéſe ſe trouve dans la vie des Patriarches, qui s'eſt ſou-

dit ci-deſſus. La connoiſſance de l'Hiſtoire Naturelle dans un dégré de perfection, comme étoit celle d'*Adam*, ſuppoſe un tems d'une certaine durée, qui ne peut pas s'entendre d'un jour de 24 heures.

tenue dans toute sa force presque jusqu'au déluge, & qui a commencé à s'abréger d'une maniere très-prompte immédiatement après cette révolution.

Je sens bien qu'un Naturaliste moderne, qui, comme la plus grande partie de nos Historiens, ne se transporte jamais hors du cercle étroit de ses connoissances présentes, s'effrayera de ce que j'ose avancer que les animaux maintenant carnivores, n'étoient pas toûjours de même, & me montrera, comme une démonstration physique, leur force, leurs griffes & leurs dents canines; mais je lui demanderai à mon tour, s'il ne dépend pas absolument de lui de nourrir son chien comme il veut, & de le restreindre pour toute nourriture aux végétaux, afin de lui faire perdre par l'habitude le goût qu'il a pour la chair; ne peut-on pas élever de la même maniere un jeune lionceau ou un tigre, comme un chien ou un chat ? C'est sur cette expérience, qu'il est aisé de faire, que je pose, comme sur une base certaine, la vérité de mon hypothése. Voici un fait que j'ai appris pendant mon séjour à Geneve : une personne m'ayant assuré qu'on prenoit par an sur les montagnes voisines dans un espace de six lieues aux environs de la ville plusieurs milliers de renards, je me suis adressé à un marchand Foureur de l'endroit pour en sçavoir l'exacte vérité ; non-seulement il m'a confirmé ce que l'autre m'avoit dit, mais il a ajouté que dans certaines années le nombre des peaux qu'il avoit eues des chasseurs montoit jusqu'à dix & même jusqu'à quinze mille. Mon étonnement a été, non pas qu'il y ait dans un espace si peu considérable un si grand nombre de ces animaux, mais de sçavoir d'où cette multitude pouvoit tirer une nourriture suffisante. Car la multiplication d'une espece très-prolifique, comme est celle des renards, dépend uniquement de l'abondance de la nourriture. Pour m'éclaircir sur cette difficulté, je me suis adressé aux chasseurs, qui tous, en me confirmant le fait annoncé, m'ont répondu, qu'outre le gibier qui se trouve en très-grande quantité dans les Alpes, le renard vivoit dans ce pays de racines farineuses, mais particuliérement de celles qui sont bulbeuses & grosses comme des patates. On m'a dit la même chose des loups, qui très-souvent, quand ils ne trouvent aucune autre nourriture, ont recours aux végétaux. Tous ces faits servent à me convaincre que l'espece de nourriture n'est absolument qu'une affaire de tempérament pour tous les animaux carnivores quelconques, vû que la nécessité les force quelquefois à vaincre leurs habitudes fanguinaires, même dans l'état préfent des chofes, & que les feuls végétaux peuvent fuffire à leur fubfiftance. D'où j'infére fans difficulté que leur férocité & leur maniere de vivre aujourd'hui eft plutôt accidentelle & locale, en quelque maniere, fuivant les changemens produits dans le tempérament des élémens, qu'une fuite néceffaire de leur organifation, ou effentielle à leur nature. C'eft pour la même raifon que je n'ai nulle répugnance à admettre la poffibilité phyfique de ce que l'Ecriture Sainte nous préfente dans un fens métaphorique, quand elle dit, en parlant du changement de la nature humaine par l'avénement du Meffie, *Leo ut Bos paleas comedet*; le Lion & le Bœuf fe nourriront de pailles : & je crois pouvoir conclure fans héfiter, que non-feulement le vin fut inconnu aux Antédiluviens, n'étant pas néceffaire fous la température actuelle de la terre, mais auffi que l'ufage de la chair fut ignoré des hommes & des animaux. *Je vous ai donné*, dit Dieu avant le déluge, *toutes les herbes qui portent leur graine fur la terre, & tous les arbres pour vous fervir de nourriture*. Gen. Chap. 1. v. 29. Et après cet événement, *tout ce qui a vie & mouvement vous fervira de nourriture, je vous ai donné tout cela comme j'ai donné autrefois les légumes & les herbes*. Gen.

sur la Nature & la Religion. 139

Chap. 9. v. 3. Or rien ne peut être plus positif que cette différence d'économie en fait de nourriture établie par Dieu même avant, & après le déluge ; la terre, ou cette partie du globe terrestre qui paroissoit hors des eaux avant cette époque, dont le Paradis Terrestre détruit par un feu souterrein, probablement immédiatement après l'expulsion de l'homme, faisoit comme le centre, cette terre, dis-je, étoit beaucoup plus féconde sous un climat plus heureux, que les terres nouvelles qui se sont montrées après toutes en ruines, mêlées de sables stériles, de substances pétrifiées, & de mille autres dépouilles de la mer, dont une partie a été dispersée par toute leur superficie pendant l'inondation générale, & une autre partie encore plus considérable a été déposée successivement en couches depuis la premiere production des animaux aquatiques au quatrième période, jusqu'à leur émersion après cette catastrophe. Aucune raison en effet ne nous force de croire que la Géographie antédiluvienne ait été la même que celle d'aujourd'hui, ni si étendue de beaucoup près, ni de la même forme. Il suffisoit que la terre augmentât alors en proportion de la propagation des hommes, & de leur genre de vie : or nous voyons qu'à la Chine par exemple, où les hommes vivent pour la plûpart de végétaux, un espace assez borné peut nourrir facilement jusqu'à quarante millions d'habitans. Le luxe de mille personnes fait de plus grands ravages que la nourriture d'un million de gens qui se contentent du simple nécessaire. Ces conclusions donc posées comme très-probables, voici l'hypothése de M. *Linnæus* sur la sortie de la terre ferme des eaux de la mer, qu'il doit nécessairement supposer successive dans une certaine suite proportionnelle à l'accroissement de ses habitans, comme je l'ai dit ci-devant, quoiqu'il n'entre pas dans le détail des causes physiques, dont elle fut l'effet, ni dans l'ordre des phénomenes qui en furent les conséquences.

XXXVI. La partie de la terre ferme, qui a paru la première hors des eaux, étoit le Paradis Terrestre : *Adam* avoit pour compagne non-seulement sa femme, mais aussi toutes les especes d'animaux, dont chacune renfermoit au commencement un mâle & une femelle, & toute la création étoit alors comme concentrée. Cette supposition est absolument nécessaire pour nous faire comprendre ce que dit l'Ecriture Sainte, que toutes les especes d'animaux passoient en revue devant le premier homme, & qu'à mesure qu'il les avoit bien considerées à plusieurs reprifes, il leur donnoit des noms propres qui défignoient leur nature. Or l'affemblage de toutes les efpeces d'animaux dans une feule région, fuppofe néceffairement & la préfence de tous les végétaux, & le concours de tous les climats. Cette conféquence eft prouvée par la nature des animaux en général, qui doivent avoir, par-tout où ils fe trouvent, de quoi fe nourrir, & particuliérement par celle des infectes, dont plufieurs ne peuvent s'accommoder que d'une feule efpece de plantes. Maintenant fi le globe terreftre avoit été formé dès le commencement, comme nous le voyons dans fon état préfent, il ne feroit pas naturel de croire que toutes les efpeces d'animaux euffent été enfermées & circonfcrites dans un efpace auffi étroit qu'étoit celui du Paradis Terreftre; il faudroit plutôt en conclure qu'elles étoient alors, comme aujourd'hui, difperfées & diftribuées par toute la terre, ce qui n'eft nullement probable pour plufieurs raifons, & fpécialement pour celle du plan de la nature qui fuit toûjours la marche la plus fimple. Afin donc de réfoudre tous les phénomenes, M. *Linnæus* pofe pour principe d'après *Moyfe*, qu'au commencement la terre étoit couverte par les eaux, excepté une feule Ifle affez grande pour contenir tous les animaux & les végétaux. Ce principe est appuyé par plusieurs phénomenes qui paroissent prouver que la terre ferme s'augmente en tout tems aux dépens de la mer, dont les causes physiques, soit intérieures, soit extérieures, opérent avec plus ou moins de vîtesse, selon leurs différens dégrés d'activité ; cette activité peut avoir été au commencement, selon la nature de ces causes, beaucoup plus considérable qu'aujourd'hui ; ainsi il ne nous est pas possible d'estimer la durée exacte du période depuis la création par ce que nous observons maintenant ; mais de quelque maniere qu'elle ait été, elle suffira toûjours pour expliquer les phénomenes que nous voyons dans les plantes de toute espece, dans les coquilles fossiles & dans d'autres dépouilles de la mer que l'on trouve par-tout sur la terre, & qu'on ne peut pas attribuer dans leur totalité à un déluge passager.

Après avoir établi ces principes, M. *Linnæus* entreprend de montrer comment tous les animaux & les végétaux peuvent, dans cette Isle, avoir un sol, un climat propre à leurs especes, en la plaçant sous l'équateur & en la couronnant d'une très-haute montagne, égale à la plus haute des Cordillieres : car c'est un fait généralement connu, que les mêmes plantes se trouvent sur les Alpes, les Pyrénées, les montagnes d'Ecosse, le mont Olympe, le mont Liban & le mont Ida, & qu'on les voit sur celles de la Laponie & du Groenland; M. *Tournefort* a trouvé au pied du mont Ararat en Asie, les plantes usuelles d'Arménie, un peu plus haut celles d'Italie, encore un peu plus haut celles des environs de Paris; ensuite en montant toûjours il vit les plantes de la Suéde, & en dernier lieu presqu'au sommet & parmi les neiges, dont le mont Ararat est couvert plus ou moins en tout tems, étoient les plantes des montagnes de la Laponie : » Il y » a même moyen, ajoûte notre Auteur, de con- » noître les différentes hauteurs par les plantes » qu'on y trouve, ce que j'ai éprouvé plusieurs » fois avec succès moi-même, en comparant les » montagnes de la Dalécarlie avec celles de la » Laponie «.

M. *Linnæus* s'applique ensuite à nous faire comprendre comment le nombre immense des individus qui existent à présent pouvoit naître d'une seule plante de chaque espece, ce qui est bien plus simple & plus conforme aux voies de la nature, que de croire que Dieu les ait créées par-tout au même instant. Pour preuve de ce qu'il avance de leur fertilité & de leur propagation prodigieuse en peu de tems, il cite l'espece de l'Ele-Campana, dont une seule plante a fourni trois mille semences, celle du Tournesol quatre mille, celle du Pavot trois mille deux cens, celle du Tabac quarante mille trois cens vingt : mais à chaque espece de plantes annuelles, dont nous supposons qu'au commencement il n'y a eu qu'un individu de créé, donnons deux semences seulement ; il y aura encore après vingt ans un million quarante-huit mille cinq cens soixante-seize individus, car elles augmentent dans une proportion géométrique qui double toûjours, à sçavoir 2. 4. 8. 16. 32. &c. *

Cette hypothése, toute singuliére qu'elle peut paroître, porte avec elle un certain air de probabilité & se conforme assez bien à l'Histoire Sacrée où nous apprenons que quatre grandes rivières prenoient leur source dans le Paradis Terrestre, qui après l'expulsion d'*Adam* a été probablement changé en volcan, comme nous avons tout lieu de le présumer, puisque *Moyse* dit, dans le style de l'Ecriture en parlant de Dieu **,

---

* M. *Linnæus* remarque que depuis quelques années seulement nous voyons en Europe plusieurs especes de plantes qui nous viennent d'Amérique. Voyez dans son Ouvrage les moyens dont il pense que la nature se sert pour la propagation des végétaux.

** *Qui facit Angelos suos spiritus, & Ministros suos ignem urentem.* Ps. 103. v. 4.

dont

sur la Nature & la Religion.

dont les vents sont les messagers & le feu le ministre, *& après qu'il l'eut chassé du jardin, il mit devant ce lieu de délices un Chérubin avec un glaive étincelant & mobile.* Gen. Chap. 3. v. 24.

L'idée d'une montagne élevée sous l'équateur, prémices de la terre future, se confirme encore par quelques autres Textes. *Le Seigneur n'avoit pas encore plû sur la terre..... & il n'en sortoit aucune source d'eau pour en arroser toute la surface.* Gen. Chap. 2. v. 5 & 6. ou comme quelques Interprêtes l'expliquent, *une rosée ne se répandoit point sur la terre.* Et v. 10. *De ce lieu de délices sortoit un fleuve pour arroser le Paradis.* Or de ces Textes, on peut inférer clairement la forme qu'avoit alors cette partie de la terre qui étoit nécessairement élevée, avec une pente très-douce pour la distribution de l'eau qui descendoit toûjours, & se répandoit par-tout lentement. Cette rosée sans pluie, qui ne devoit paroître qu'après, ou cette inondation lente, semblable à celle de l'Egypte, semble devoir s'étendre à toute la terre antédiluvienne, qui par-conséquent n'étoit pas assurément si étendue que nos continens d'aujourd'hui, peut-être pas plus que le Royaume de la Chine : sans cela comment entendre ces paroles de Dieu après le déluge, Gen. 9. v. 13. *Je mettrai mon arc dans les nuées, & il sera le signe* de *l'alliance entre moi & la terre* ? Et comment comprendre la vie très-longue de ceux qui vivoient avant cette cataſtrophe, ſi l'équilibre des élémens étoit rompu à tout moment, comme aujourd'hui, pour produire les pluies, les vents & les orages ?

XXXVII. On pourra oppoſer à M. *Linnæus*, qui fait ſortir toute la multiplication de deux ſeuls individus, mâle & femelle dans chaque eſpéce, l'obſervation de M. *de Buffon*, qui, comparant en Naturaliſte l'état préſent des choſes, trouve pluſieurs eſpéces propres au nouveau continent, dont l'ancien, comme il croit, eſt totalement privé ; mais outre que M. *de Buffon* n'a jamais crû que ces eſpéces ſoient terrigénes, & que lui-même applique ce ſyſtême aux chiens qu'il fait deſcendre par une propagation qui s'altére continuellement en comptant depuis le chien du berger, on peut dire, 1°. que nous ne connoiſſons pas toutes les eſpéces qui ſont éloignées de nous dans les déſerts de l'Afrique, pendant que nous connoiſſons à-peu-près toutes celles qui ſe trouvent dans les climats chauds du nouveau continent dont il s'agit uniquement, parce que ſous l'équateur & entre les deux tropiques, l'Amérique eſt ſi reſſerrée que toutes les races qu'elle poſſéde paſſent tôt ou tard en revue devant ses habitans. C'est ainsi que dans une rivière très-étroite, un pêcheur connoît bientôt tous les poissons qui l'habitent, au lieu que dans une rivière, telle que celle *des Amazones* ou de *la Plata*, dont on ne peut point atteindre à la vue les deux bords opposés, aucun des navigateurs qui les fréquentent ne peut sçavoir toutes les espéces aquatiques qu'elles nourrissent. On peut dire, avec M. *de Buffon*, qu'anciennement les deux continens étoient liés ensemble par des bandes de terre à la façon de celles de Jupiter, & dont il y a encore des traces très-évidentes dans la chaîne continuelle des Isles & des bas-fonds qui subsistent aujourd'hui entre les deux tropiques *. La tradition historique semble concourir avec ces remarques; elle fait mention de l'Isle Atlantique qui touchoit presqu'à notre continent ancien, plus grande que l'Afrique, en s'étendant vers *l'ouest*, & d'autres terres absorbées depuis par des tremblemens de terre. Au moins c'est une hypothése à laquelle aucun Naturaliste ne peut opposer des raisonnemens tirés de l'état présent de la terre, & qui par-conséquent est très-possible, ce qui suffit pour celui qui veut soutenir le systême de M.

* Voyez la Carte physique, politique & mathématique du Sieur *Denys*.

Linnæus : la feule objection qui paroît un peu plaufible, eſt celle qui ſe tire de ces deux eſpéces d'animaux, que l'on appelle l'*Unau* & l'*Ai*, qui, ſelon M. *de Buffon*, ſont propres aux terres méridionales de l'Amérique & ne ſe trouvent maintenant nulle part, ſinon par accident, dans l'ancien continent : ces animaux, que l'on nomme auſſi *pareſſeux*, ſont ſi lents dans leurs mouvemens, qu'ils ne font guère qu'un quart de lieue dans un jour ; par-conſéquent, en avançant toûjours en ligne droite par une forêt continuelle d'arbriſſeaux propres à les nourrir, il leur falloit pour y arriver depuis le Cap Tagrin en Afrique par la chaîne marine, ou reſtes de l'ancienne Iſle Atlantique, juſqu'au Cap St. Auguſtin dans le Bréſil, trente mille jours ou quatre-vingt années environ. La choſe n'eſt pas phyſiquement impoſſible, ſur-tout ſi on peut ſuppoſer leur multiplication, pendant ce période, aſſez conſidérable pour occuper un très-grand eſpace en longueur ſur un terrein un peu étroit : mais j'aimerois mieux croire qu'ils y ont été apportés autrefois par les habitans qui paſſoient d'un continent à l'autre, comme l'obſerve M. *de Buffon* en parlant de l'état préſent des choſes. Que *ſi l'on a vû quelques-uns de ces animaux, ſoit aux Indes Orientales, ſoit aux côtes d'Afrique*, ce que certains

Naturalistes prétendent, *il est sûr qu'ils y avoient été transportés*. On demandera peut-être ce que sont devenus les restes de ces animaux & toutes les autres espèces que l'on ne voit plus dans l'ancien continent ; il est probable que ces espéces ont été détruites par les hommes, comme les loups en Angleterre.

Dans cette vûe, je considére l'Amérique en grand comme je vois en petit une Isle au milieu d'une grande rivière, & qui faisoit autrefois une péninsule attachée à son rivage. Sur cette Isle je trouve établie une espece de fourmis que je ne vois nulle part, vingt lieues à la ronde ; & je dis tout de suite en moi-même, ces fourmis ne sont point venues ici à la nage, car la chose n'est pas possible physiquement ; elles ne sont pas non plus terrigénes, quoiqu'il ne me soit pas encore arrivé de voir cette espéce ailleurs ; mais cette Isle faisoit sans doute autrefois une partie du rivage, & elle a été coupée ensuite & séparée avec ses habitans par la ruine des terres intermédiaires & par les eaux. Cette comparaison est d'autant plus juste qu'aucun Physicien n'oseroit avancer que les espéces d'animaux que l'on croit particuliéres à l'Amérique, ne pourroient pas vivre, ni propager si elles étoient transportées dans les mêmes climats & sous les mêmes latitudes dans l'ancien continent. C'eſt donc un pur accident qui les a ſéparées, & par-conſéquent cette obſervation ne fait rien contre le ſyſtême de M. *Linnæus*, qui part de la première création du monde, ni contre l'hiſtoire de *Moyſe*, qui renferme toute la race des animaux avec leur ſemence future dans l'arche de *Noë*. Ce ſont-là de ces petites difficultés phyſiques qui naiſſent de notre ignorance, mais qui diſparoiſſent comme une vapeur légére devant les grandes preuves de la Religion, & qui s'expliquent par mille hypothéſes phyſiquement poſſibles.

XXXVIII. Après tout il y aura peut-être des Philoſophes, qui, reſpectant à leur façon l'autorité des Livres ſacrés, ſans nier l'hypothéſe de M. *Linnæus*, quant à la production locale & concentrée de toutes les eſpéces d'animaux, propres en quelque façon au terrein & au climat de notre continent, ne laiſſeront pas de dire que le continent nouveau, en vertu de la même puiſſance divine communiquée à ces terres, a pû produire en même-tems les animaux & les végétaux qui lui ſont propres, conformément aux remarques de M. *de Buffon*. Dans ce cas ils ne manqueront pas d'ajouter que l'on doit ſuppoſer que, (ſi nous exceptons les communications qui ont été détruites entre pluſieurs Iſles & les continens, & peut-être encore dans ces anciens tems entre continent & continent, par le déluge, par des tremblemens & autres causes physiques) la géographie générale, quant aux quatre grandes parties qui composent maintenant la terre habitable, étoit alors à-peu-près la même qu'aujourd'hui : que par-conséquent les causes primitives, mises en mouvement à la parole de la Divinité par sa vertu intime, ont agi en conséquence pour élever au troisième jour, ou période de la création, toutes les terres habitables à-peu-près comme nous les voyons & avant de les peupler. Viendra ensuite le déluge, qui, quoiqu'annoncé comme général, n'enveloppera pas absolument, selon leurs idées, tout le continent d'Amérique, qui dans ce tems n'étoit peuplée que d'animaux sauvages ; parce que, diront-ils, cette dévastation, selon l'esprit même de l'Ecriture Sainte, ne tombe en forme de punition que sur le local du genre humain directement, comme seul criminel devant lui. Dans cette vue, quoique l'Ecriture Sainte dise positivement en parlant des eaux : *& omnia repleverunt in superficie terræ*, elles couvriront toute la surface de la terre : *Opertique sunt omnes montes excelsi sub universo cælo*, toutes les plus hautes montagnes qui sont sous le ciel en furent couvertes : *quindecim cubitis altior* *fuit aqua super montes quos operuerat*, l'eau surpassa de quinze coudées le sommet des montagnes : *consumptaque est omnis caro, quæ movebatur super terram, volucrum, animantium, bestiarum, omniumque reptilium, quæ reptant super terram : universi homines & cuncta, in quibus spiraculum vitæ est, in terrâ mortua sunt.* Toute chair qui se meut sur la terre fut consumée, tous les oiseaux, tous les animaux, toutes les bêtes & tout ce qui rampe sur la terre : tous les hommes moururent, & généralement tout ce qui a vie & qui respire sur la terre. *Et delevit omnem substantiam quæ erat super terram, ab homine usque ad pecus, tam reptile quam volucres cœli, & deleta sunt de terrâ : remansit autem solus Noë & qui cum eo erant in arcâ.* Toutes les créatures qui étoient sur la terre, depuis l'homme jusqu'aux bêtes, tant celles qui rampent que celles qui volent dans l'air, tout périt ; il ne resta que Noë seul, & ceux qui étoient avec lui dans l'arche. Je dis que malgré ces expressions si positives, les Philosophes restreindroient sans doute l'universalité des effets du déluge aux seules terres habitées alors par le genre humain, comme seules impliquées, selon leur totalité, dans la malédiction générale. Les montagnes les plus élevées du continent nouveau, celles qui sont sous l'équateur, se trouveront par ce moyen exemptes de l'inondation à cause de leur hauteur extrême que l'on croit surpasser celle des montagnes d'Afrique ou d'Asie, & ainsi il y aura encore de la terre sèche & en assez grande quantité pour sauver les débris du regne animal, qui, chassé à mesure par les eaux qui avançoient, s'y sera réfugié naturellement. En attendant, comme tout change par le laps des tems, certaines espéces conservées dans une terre long-tems inhabitée se trouveront aujourd'hui en Amérique, tandis qu'elles ont été détruites autrefois par les chasseurs dans les autres continens, comme les loups d'Angleterre. Mille autres accidens, ou causes physiques, contribueront en même-tems, selon eux, à produire par des changemens insensibles le contraste observé par M. *de Buffon* entre des contrées si éloignées & séparées depuis un si long-tems. C'est même la raison qu'en donne ce célébre Naturaliste, car il est bien éloigné de croire les animaux propres au nouveau continent comme terrigénes.

Cette hypothése paroît très-plausible en ne la regardant que légérement; mais malgré son aspect flatteur, j'aimerois mieux avec les vrais Sages, qui craignent de compromettre la parole sacrée, ou de mettre la science & le témoignage de Dieu en balance avec les opinions purement humaines, m'en tenir à la lettre de l'Ecriture Sainte & me fier à la providence de la Divinité, qui, sans faire des miracles proprement dits, mais disposant de tous les événemens & de la volonté humaine, peut avoir mis en usage des moyens qui nous sont inconnus pour repeupler ensuite l'Amérique d'hommes & d'animaux selon son bon plaisir. Or pour le transport de certains animaux l'homme étoit alors conduit comme aujourd'hui, par ce qui lui paroissoit utile, & encore plus souvent par ses caprices.

Depuis que nous connoissons ce pays, & dans l'espace de deux siécles environ, les Européens y ont transporté un grand nombre de différentes espéces d'animaux, en même-tems qu'ils en ont rapporté avec eux une très-grande quantité de végétaux, autrefois inconnus à nos contrées & propres à l'Amérique. L'aspect des deux continens est presque changé par-tout dans un espace de tems très-court. Eh bien ! pourquoi ne m'est-il pas également permis de supposer que des colonies Asiatiques anciennes, dont nous ignorons aujourd'hui & les mœurs & les usages, navigateurs comme nous par des voyages plus courts, ou autrement par des communications qui ne subsistent plus, auront transporté un certain nombre d'espéces, tant animales que végétales, par des vues ou des caprices connus d'eux seuls ? ce qui fait maintenant un grand mystère pour nos Philosophes, comme ce que nous faisons aujourd'hui deviendra mystérieux pour quelque siécle futur, si le monde subsiste assez longtems pour produire des problêmes nouveaux. En tout cas je m'en tiendrai à la lettre de l'Ecriture Sainte, comme étant un appui plus solide que tous les raisonnemens discordans des hommes, parmi lesquels on n'en trouvera pas deux du même sentiment, jusqu'à ce que l'on nous donne une démonstration physique qui fasse cesser les contradictions qui les divisent aujourd'hui. Il se passera peut-être bien des années avant que nous soyons forcés de reculer, en abandonnant le sens littéral, & quand ce tems arrivera, s'il arrive jamais, il sera aisé de le faire, en suivant la sage maxime de *St. Augustin*, sçavoir que les grands argumens en faveur de la révélation doivent porter tout homme raisonnable à respecter l'Ecriture Sainte comme la parole de Dieu, & à l'entendre toûjours à la lettre, à moins que des raisonnemens absolument victorieux, ou la voix de l'Eglise, ne nous obligent de la prendre dans un sens métaphorique.

XXXIX. Dans les idées que je viens de présenter, toutes singulières qu'elles peuvent paroître

& que je tâche de poser pour principes dans mes recherches physiques, bien loin de croire que je m'écarte de l'esprit de la Religion & de l'Ecriture Sainte, je cherche au contraire à m'en approcher plus qu'on n'a jamais fait en unissant ensemble la Théologie & la Philosophie. Les Incrédules modernes, en jettant des doutes sur la réalité des miracles opérés de tems en tems, quoique rarement, par la Divinité, & en attribuant tous les effets physiques à des puissances purement méchaniques sans aucune intervention de sa part, semblent, dans leur façon de raisonner, tendre de plus en plus vers l'Athéisme. Les Auteurs Sacrés au contraire, outre les miracles qu'ils établissent comme des faits qui arrivent quand il plaît à la Divinité, finissent par lui attribuer, même personnellement, les effets naturels. Le Philosophe méchanique s'arrête au monde visible, ne voit nulle part que la nature, & Dieu par ses principes exclusifs se perd dans la matière. Le vrai sage Chrétien au contraire dévoile la création, écarte la matière & perce jusqu'au premier principe, dont telle est la providence qui veille à chaque effet en détail, qu'un passereau ne tombe pas à terre sans une volonté particulière. C'est pour cette raison que, selon les mêmes Auteurs sacrés, la Physique, par une harmonie constante préétablie, est toûjours liée avec la morale ; ainsi la même théocratie, mais beaucoup plus générale, regne maintenant sur les Nations, comme elle conduisoit autrefois chaque événement en particulier chez la Nation Juive.

Il y a des Philosophes qui, faute de généraliser assez leurs idées, regardent le déluge décrit par *Moyse*, & attesté par la tradition générale de presque toutes les Nations, tant civilisées que sauvages, comme un effet au-dessus des forces ordinaires de la nature. Ils se prévalent en conséquence de la maniere dont les Auteurs sacrés s'expriment, en ne perdant jamais de vue la Divinité, pour faire passer ce phénomene comme un miracle produit par un effet extraordinaire de la Toute-Puissance ; ils oublient en mêmetems les ressorts cachés de la nature que nulle personne ne peut connoître dans toute leur étendue, & la présence intime de Dieu, qui est le maître de ces ressorts pour les faire agir comme il veut, ou par une harmonie préétablie depuis le commencement, qui constitue sa providence générale, ou par une volonté spéciale conformément à cette vérité énoncée & toûjours supposée par les Auteurs sacrés : *& pugnabit cum eo orbis terrarum contrà insensatos*. Et l'univers combattra avec lui contre les infenfés. L'ordre de la nature, felon mes idées, n'eft donc autre chofe que l'ordre de la providence, & Dieu ne peut fe féparer de fon ouvrage en l'abandonnant totalement à lui-même. Cela pofé, voici comment je place le déluge général du côté de la Phyfique parmi les effets naturels, en mêmetems qu'il eft vraiment du côté de la morale une punition infligée de la part de la Divinité par la liaifon que Dieu a établie au commencement entre ces deux fyftêmes fans aucun nouveau miracle, ou effort extraordinaire de la Toute-Puiffance.

XL. Je commencerai cette fection, qui eft une des dernieres fur la théorie de la terre, par préfenter différens faits phyfiques très-connus, avec leurs conféquences immédiates fur la nature des hautes montagnes & fur les volcans en général pour les réunir enfuite dans un feul point de vuë & réfumer tous mes principes.

La premiere caufe active & expanfive qui fe montre avant toutes les autres, felon *Moyfe*, eft l'élément de la lumiere; or on peut très-bien entendre par lumiere la matière électrique en mouvement, je veux dire cette matière que tous les Phyficiens reconnoiffent pour un agent général plus puiffant qu'aucune autre caufe matérielle quelconque, qui remplit & pervade librement toute la masse de la terre, dont chaque partie en particulier en possède une certaine quantité proportionnée à sa nature. Elle existoit, selon le même Ecrivain sacré, avant que le soleil, qui n'est qu'un instrument secondaire pour agir sur elle, comme les corps sonores agissent sur l'air, ait commencé à l'ébranler. Cachée dans les entrailles de la terre, en même-tems qu'elle fait la vie de l'atmosphère, elle étend son empire, dont nous ne connoissons pas les bornes, aussi loin que se porte l'influence du globe terrestre ; elle nous éclaire, & elle allume les masses inflammables & combustibles qui sont contenues dans l'intérieur du globe *. Par-conséquent son droit de priorité, d'indépendance des autres causes créées, & de sa puissance supérieure est attesté par son Créateur, dont l'Ecriture Sainte

* Les révolutions qui se passent dans l'intérieur de la terre communiquent souvent des chocs aux différentes parties du globe, que nous ressentons sur la superficie, & les mouvemens extraordinaires qui parviennent jusqu'à nous, ne sont alors que les contre-coups de ceux que l'intérieur du globe a éprouvés. Ces impulsions presque centrales, ou qui vont du moins à de grandes profondeurs, deviennent d'autant plus sensibles à raison de la longueur du levier, que nous sommes éloignés du centre du mouvement.

est l'organe qui l'exprime, & par la nature qui se découvre en même-tems à nos recherches.

Voici des faits physiques conséquens à cette cause universelle, le feu électrique, dont tout notre système est impregné, & d'où procéde immédiatement la figure présente des choses par expansion. Les élévations les plus exhaussées ne sont sur la terre qu'une très petite portion du total; des gonflemens superficiels, que nous appellons continens, & de peu de valeur en comparaison de sa masse. Toutes les montagnes considérables, faisant partie des grandes chaînes qui investissent le globe terrestre, portent en elles visiblement l'empreinte du feu souterrein d'où elles tirent leur origine. Selon M. *de la Condamine*, celles des Cordillieres qu'il a examinées, sont ou des volcans actuels, ou d'anciens volcans éteints; peut-être encore ces volcans ne sont-ils éteints que depuis le déluge, & c'est la raison qui fait que l'on n'y trouve plus aucunes dépouilles de la mer, comme le même Académicien l'atteste; on ne les verra pas non plus dans le voisinage du mont Vésuve, ni aux environs d'aucun autre volcan qui brûle depuis cette époque, parce que le feu doit les calciner & les réduire en poudre. Toute la chaîne des Appennins a été de même examinée par plusieurs de nos Physiciens d'Angleterre

gleterre que j'ai connus dans mes voyages ; ils ont trouvé de la lave & d'autres marques d'un embrasement ancien depuis le mont Vésuve jusqu'à Viterbe. Les coquilles fossiles y sont aussi mêlées par-tout, excepté auprès de ce volcan : c'est une marque que le feu y est éteint depuis très-long-tems. Les Physiciens françois ont fait les mêmes remarques sur les montagnes d'Auvergne ; & c'est dans ces cantons, aussi-bien qu'en Afrique, qu'on trouve de ces colonnes pentagones qui composent ce pavé tant célébré des Géans en Irlande. Ces colonnes, dit-on, traversent le fond de la mer jusqu'en Ecosse, où on nous assure qu'on en voit encore des traces. Elles sont l'effet, selon M. *Desmarais*, célèbre Observateur, des volcans jadis enflammés & éteints aujourd'hui. La surface de la terre en est parsemée, & on les fait monter jusqu'au nombre de cinq cens, connus, sans compter ceux qu'on ne connoît point dans les pays inhabités ou inaccessibles aux voyageurs. Le mont Vésuve près de Naples brûle depuis dix-sept siécles, & le mont Gibel en Sicile depuis l'antiquité historique la plus reculée. Quelle doit être la profondeur de leurs foyers ? Le Pere *de la Torré*, Physicien de Naples, a fait une espece d'estimation des matières qui sont sorties du Vésuve : la quantité en est prodigieuse ; mais on ne fait pas entrer en ligne de compte ce qui s'exhale en fumée & en vapeurs qui en sortent sans cesse nuit & jour. Une torche de quatre livres se consume en très-peu de tems sans laisser aucunes traces. Que l'on imagine maintenant combien de milliards de milliards de livres en matière solide ont disparu depuis la premiere éruption connue du tems de l'Empereur *Tite-Vespasien*, & qui échappent aux plus habiles Calculateurs. Des Provinces entieres ne suffisent guère pour fournir la masse de matières combustibles requise pour un vaste incendie d'une si longue durée. L'Italie & la Sicile sont toutes minées à une très-grande profondeur ; qui peut en douter ? Elles peuvent disparoître un jour & être englouties dans les goufres souterreins, comme le vaste continent de l'Atlantide miné & submergé jadis, dont les Isles Canaries, les Acores & celles du Cap-verd ne sont peut-être que les sommets. Ce qu'on assure des Cordillieres dans une étendue de plus de 200 lieues, peut se dire également de toutes les grandes chaînes quelconques ; elles abondent en mines qui travaillent à se développer, & elles sont creusées par-tout. On ne voit ni mines métalliques, ni volcans dans les plaines pour l'ordinaire, mais on y trouve par-tout des eaux chaudes minérales & des exhalaisons. C'est une marque de l'universalité des feux souterreins qui se décélent plus sensiblement dans les grandes montagnes, où le passage est plus libre, & la résistance moindre. L'eau peut être dilatée par le feu que nous avons entre nos mains jusqu'à occuper un volume treize ou quatorze mille fois plus grand que son volume naturel. Les vapeurs qui sortent des fentes du bassin du Solfatara à Pozzuolo près la ville de Naples sont d'une si grande subtilité, si rapides & si raréfiées qu'elles passent facilement au travers d'un morceau d'étoffe, de laine, de soie, de toile, de cuir, ou enfin de toute autre matiere molle & poreuse quelconque qu'on lui oppose, sans les mouiller. Il n'y a d'autre moyen de les arrêter que de leur présenter une lame de métal ou une glace; alors elles se condensent en eau un peu salée, & même assez promptement & en quantité suffisante pour en remplir en peu de tems une bouteille d'une pinte. On ne peut avoir, à ce qu'il me paroît, une preuve plus sensible de l'extrême ténuité de ces vapeurs, dont la force expansive, semblable à celle d'un vent impétueux, augmente en raison de la raréfaction produite par la violence inconcevable des feux souterreins qui les portent au déhors. Le soufre est généralement répandu avec des matières combustibles. L'intérieur de toute l'Italie paroît en être rempli. L'Isle d'Islande n'est peut-être qu'une grande masse de soufre, comme l'observent les Naturalistes, dont tous les faits physiques que j'ai rapportés ici, ne sont que des extraits copiés presque mot pour mot. Les charbons de terre, le bitume, le nitre, tant de matières converties en vapeur doivent tendre à occuper un espace immense, & la force expansive, prise en général, doit exercer une action très-puissante contre les masses qui s'opposent à son développement. Ces masses peuvent résister absolument : ce sont les plaines sur la surface de la terre; elles peuvent résister en partie seulement ; ce sont les montagnes creusées en dedans, mais entieres au-dehors : enfin elles peuvent céder à l'action impétueuse de ces feux prodigieux, selon toutes les proportions imaginables, jusqu'à se rompre, de-là procéderont les volcans. La gravitation augmente continuellement depuis l'équateur jusqu'aux pôles, & par-conséquent une partie de la résistance. Les mouvemens, ou les chocs s'arrêtent aux pôles; mais ils se dirigent, & par propagation en avant de l'équateur vers les deux extrêmités, & par réfléxion en arrière, & des deux pôles vers la ligne. C'est la direction générale de toutes les grandes chaînes.

S'ils rencontrent des obstacles locaux, ils s'écarteront latéralement : les moindres chaînes vont pour la plûpart de l'*est* à l'*ouest*. Les foyers des forces expansives doivent se trouver à de grandes profondeurs, & plusieurs milliers de toises pour le moins au-dessous des bases des plus hautes montagnes. Cette vérité physique s'annonce par divers phénomenes; on le prouve par le seul mont Vésuve qui brûle depuis dix-sept siécles aux dépens d'une quantité de matières combustibles que l'on ne peut point calculer. Il y a long-tems que Naples & tout son voisinage auroient été rongés intérieurement jusqu'à la superficie du sol, & même minés & absorbés, si le foyer de ce volcan n'étoit pas à des milliers de toises enfoncé sous la terre. Les volcans en général ne pourroient jamais suffire à ces incendies continuels d'une si longue durée, si la matière inflammable étoit toute contenue dans leurs cavités, & ne partoit pas d'un abyme très-éloigné de leurs bases ; c'est une preuve que toutes ces grandes chaînes ne sont pas simplement des élévations superficielles placées par des courans, mais des excroissances énormes dont les racines s'étendent bien avant vers le centre du globe.

Il y a des volcans qui se sont élevés au milieu de l'*Océan* en y formant des Isles qui subsistent encore depuis leur extinction ; ces volcans n'auroient jamais pû soutenir leur intégrité en forme de montagne massive, sans s'éteindre, ou s'écrouler contre le volume immense d'eau qui les enveloppoit, s'ils n'avoient pas eû une densité & une profondeur proportionnées à leur volume. Ajoutons donc à la hauteur de ceux qui s'élevent sur nos continens, comme les Cordillieres, jusqu'à trois ou quatre mille toises, la profondeur de l'*Océan*, qui ne peut se toiser par les sondes des mariniers, & celle qu'il faut encore pour maintenir l'intégrité d'un volcan marin, & nous aurons pour la profondeur totale de leurs racines, ou foyers, plusieurs milliers de toises. C'est la moindre mesure que l'on peut leur donner, sans néanmoins la fixer à cette valeur précise ; car qui de nos Philosophes, dont les recherches les plus profondes n'embrassent pas la trois cent soixantième partie de la capacité du globe terrestre, peut m'assurer que le foyer commun de tous les volcans & de tous les mouvemens convulsifs que la terre éprouve, n'est pas placé au centre même ? Dans la supposition déja prouvée par un certain nombre d'observations qui augmentent tous les jours, que l'on trouve des vestiges du feu dans toutes les grandes chaînes, l'action de ce feu comme cause, porte une rélation physique & nécessaire avec l'origine de la montagne comme effet ; car, suivant ce que j'ai déja remarqué, nous ne trouvons dans les plaines ni volcans, ni même des vestiges de volcans. D'ailleurs nous avons des montagnes produites par la force expansive des feux souterreins, comme le *Monte novo* à Naples, celles de l'Isle d'Ischia dans le dernier siécle, dont trois bouches que j'ai vûes subsistent encore, les Isles élevées par la même force au milieu de la mer & plusieurs autres exemples semblables qui se voyent encore.

Douze villes célébres d'Asie, assez éloignées les unes des autres, ont été renversées dans une seule nuit, selon *Tacite*, par un tremblement de terre qui l'ouvrit dans toute la contrée ; des montagnes s'affaisserent, des plaines s'éleverent, & au travers de ces ruines il s'élançoit des feux. *Tac. Annal. Liv. II.*

Fournier, dans son Hydrographie, rapporte que dans le Pérou, au commencement du dix-septième siécle, en un quart d'heure les montagnes, les villes, les rivières furent bouleversées, & cela dans l'espace de trois cens lieues de long sur quatre-vingt-dix de large.

Il est très-légitime & très-physique de conclure d'une force connue & suffisante, & des effets visibles encore fort communs sur le globe, à une force générale, qui pouvoit & devoit agir avec une certaine uniformité sur une masse nouvelle plus ductile & plus homogéne qu'elle ne peut l'être dans un état de demi-pétrifaction, comme elle se présente aujourd'hui. Si l'on me demande maintenant de quel principe cette masse nouvelle tenoit la quantité de résistance suffisante pour modifier cette grande force expansive, & la contraindre en la resserrant, non-seulement à se montrer hors du bassin de la mer sous une forme réguliere, mais aussi à travailler avec uniformité & une lenteur proportionnée à la propagation du genre humain, comme je le suppose, je réponds avec *Moyse* que Dieu, dont la puissance, selon l'Ecriture Sainte, fait tout *par nombre, poids & mesure*, avoit tout combiné d'avance relativement à ses desseins. Dans cette vûe on aura non-seulement toutes les conditions nécessaires pour la figure requise au-déhors de la superficie de la terre, mais il est absolument impossible de faire dériver les phénomenes physiques, qui en sont la suite, de quelqu'autre cause. Encore une fois les courans peuvent-ils donner des chaînes régulieres avec des directions déterminées, & proportionnées en hauteur, de maniere qu'elles agissent ensuite comme causes physiques pour attirer les nuages, faire jaillir les sources, nourrir les rivières, entretenir les magasins de glace & de neige, & former les différentes mines ? Tout cela suppose une méchanique & une combinaison, qui n'est nullement donnée aux courans irréguliers, incertains & aveugles; & s'il faut de plus que tout soit calculé préalablement pour former une habitation avec toutes ses rélations physiques convenables aux besoins des plantes, des animaux & des hommes dans un tems donné & proportionné à leur propagation future, qui ne doit pas être d'une trop longue durée, certainement, pour solution d'un problême si compliqué, personne ne s'avisera d'appeller à son secours les courans, si on fait attention à l'extrême lenteur de leurs effets & à leur insuffisance physique de quelque façon qu'on les considére. Il est même beaucoup plus conforme à nos idées physiques de regarder la terre comme une espéce de globe vital & organisé à sa façon, & d'attribuer sa figure extérieure à l'action des causes intérieures ; comme lorsque l'on voit sur le corps d'un animal une excroissance beaucoup plus grande en raison de son volume, que la plus haute montagne ne l'est à celui de la terre, on ne s'avisera jamais de douter qu'elle ne soit l'effet immédiat de la force végétatrice intérieure dont ce corps est animé.

Voici un extrait que j'ai fait d'un Auteur moderne ; c'est un calcul connu que l'on trouve dans tous les Traités d'artillerie. Six mille livres de poudre à canon placées dans une mine à quarante pieds de profondeur enlevent de terre un solide, qui forme un paraboloïde, dont la partie supérieure est un cercle qui a quarante pieds de rayon. Ainsi puisque le trop fameux tremblement de terre de 1755 a ébranlé la terre dans une étendue de plus de 1500 lieues en longueur, presqu'en tous les sens, il faudroit supposer que le foyer d'explosion a été à plusieurs lieues de profondeur dans la terre, jusqu'aux deux tiers pour le moins de son rayon. Ce tremblement a paru par-tout presque simultané ; car il s'est fait sentir à la même heure à-peu-près dans les quatre parties du monde jusqu'à leurs extrémités. Qu'il ait été ou qu'il n'ait pas été l'effet immédiat d'un feu, ou d'un volcan intérieur à une profondeur proportionnée à son extrême étendue, cela revient au même quant à la puissance de la cause physique, dont je soutiens les droits, qui souleve ainsi en même-tems les continens & les mers dans tous les pays connus. Elle a travaillé visiblement dans l'intérieur de la terre en la pénétrant bien profondément, puisque quelques jours avant, selon différentes rélations qui nous sont venues depuis, des Observateurs ont remarqué que plusieurs sources très-éloignées les unes des autres ont tari presque subitement, & d'autres ont été troublées considérablement à des centaines de lieues de Lisbonne, en France, en Italie, en Angleterre & dans presque tous les pays qui sont situés plus au *nord*. Qu'on la réduise par-conséquent, si l'on veut, à des phénomenes électriques; l'électricité qui n'est qu'un mode du feu souterrein exalté, dont tout le globe est impregné quand elle s'accumule pour causer des effets simultanés, si prodigieux & si éloignés, est toûjours proportionnée à la masse, & mon raisonnement sur sa puissance, sur son étendue, sur sa quantité & sur sa profondeur s'appliquera de même, comme cause nécessaire, aux effets physiques dont je cherche l'origine, & se soutiendra dans toute sa vigueur. En un mot la force expansive, dont je parle, produit encore aujourd'hui les mêmes effets, quoique dans une moindre étendue, tels que la génération des nouvelles montagnes, l'écroulement des anciennes, la substitution des grands lacs à leur place, & d'autres du même genre précisément que ceux dont nous cherchons les causes physiques au commencement de notre globe. Que peut-on désirer de plus formel & de plus précis ?

Je ne puis finir le tableau que je viens de crayonner sans présenter l'original d'où je l'ai tiré, où presque toutes mes idées sur la théorie de la terre sont renfermées en peu de mots. *Salomon* parle dans la personne de la sagesse qui précéde, produit & gouverne tous les ouvrages de la Divinité. Elle existe avant la formation des collines, des montagnes, des sources qui se sont élevées ensuite, & des abymes qui sont une conséquence nécessaire de la disposition générale des choses : voilà l'ordre physique établi par l'Auteur Sacré, dans son Livre *des Proverbes*, chap. 8. v. 23. 24. 25. 26. 27. 28. 29. *Les abymes n'étoient point encore*, (ou, comme porte l'Hébreu, *ils n'étoient point fermés comme au compas*) *lorsque j'étois déja conçue : les fontaines n'étoient pas encore sorties de la terre..... Les montagnes avec leur masse énorme ne pesoient pas encore sur la terre ; j'étois enfantée avant les collines.... Il n'avoit pas encore façonné la terre*, (selon l'Hébreu & les Septante , *les campagnes, les déserts & les hauteurs habitées de la terre :*) *il n'avoit pas produit les fleuves, ni fait tourner la terre sur ses gonds ou sur ses pôles.... Lorsqu'il préparoit les cieux j'étois* présente ; lorsqu'il environnoit les abymes de leurs bornes & qu'il leur prescrivoit une Loi inviolable.... Lorsqu'il affermissoit l'air au-dessus de la terre & qu'il soutenoit en équilibre les eaux des fontaines... Lorsqu'il renfermoit la mer dans ses limites & qu'il imposoit une Loi aux eaux afin qu'elles ne passassent point leurs bornes ; lorsqu'il posoit les fondemens de la surface de la terre.

Les Auteurs sacrés parlant du globe terrestre s'expriment ainsi : *il est fondé sur sa stabilité ; il est suspendu sur le néant.* Job. 26. 7.... Ces paroles sont entiérement conformes au vrai système des Antipodes : mais quand ils ajoutent dans d'autres endroits *que Dieu a établi la terre sur les eaux*, il est évident, par toute la teneur de l'Ecriture Sainte, qu'ils parlent de la surface extérieure hérissée de montagnes, & bâtie *sur les abymes.*

Hésiode a recueilli des idées semblables de la plus haute antiquité. Theog. v. 325. *Le noir Tartare*, dit-il, *est au centre de la terre ; il y a un cercle de fer qui le lie fortement ; par dessus ce cercle est répandue une nuit obscure qui l'enveloppe de trois rangs d'épaisseur ; au-dessus de cette nuit ténébreuse sont posés les fondemens de la terre & de la mer.*

XLI. Après qu'on aura pris une juste idée du tableau précédent & de tous les effets physiques que j'ai préfentés pour faire fentir la force expanfive intérieure dont notre globe eft vifiblement animé, quel eft ce vafte problême dont la folution, fi nous en croyons nos Philofophes, demande de fi grands frais ? C'eft pour l'atteindre que *Burnet* emploie les plus grandes forces de la nature à bâtir les continens avec leurs montagnes pour les faire écrouler au déluge univerfel, & les plonger enfuite dans le grand abyme. C'eft pour nous fournir une quantité d'eau fuffifante qui puiffe les couvrir, & un furcroît de la puiffance attractive pour rompre la croûte folide de la terre, que *Whifton* nous améne des extrémités de notre fyftême folaire par une ellypfe allongée de cinq cens années de cours, la plus grande de toutes les Cométes connues, la même, dit-il, qui a paru en 1680 : c'eft pour expliquer la grande diverfité des matériaux hétérogènes, leur accumulation & leur difpofition que *Woodward* réfout toutes les parties folides de la croûte terreftre, & les fait entre-nager dans une eau trouble qui les dépofe enfuite, comme il le prétend fauffement, felon l'ordre de leur gravité fpécifique : c'eft pour fe tirer de l'embarras que les phénomenes terreftres lui caufent, que l'Auteur de *Telliamed*, fans lumieres & fans connoiffances néceffaires pour rendre l'hypothése plaufible, déplace les continens avec leurs montagnes & les mers avec leurs Isles, & parmi lesquelles il y en a de très-petites dont nous connoissons néanmoins historiquement la stabilité depuis près de trente siécles, & qui se perd ensuite dans les ténébres d'un tems si reculé qu'il choque la Physique : c'est encore pour nous dire comment les coquilles & les autres dépouilles de la mer se trouvent enfouies sur les plus hautes montagnes, sans l'aide d'un déluge qui fait peur à nos Incrédules, que le célébre M. de ***, après avoir recherché fort soigneusement si ces mêmes coquilles n'étoient pas, par quelque heureux hasard, un *jeu de la nature*, s'est déterminé à la fin, dans un Mémoire présenté au sçavant Institut de Boulogne, à attribuer leur transport sur les montagnes d'Europe aux Pélerins dans le tems des Croisades, & aux Singes celles d'Asie & d'Afrique.

Après une dépense si grande d'esprit & de recherches de la part des hommes, de quoi enfin s'agit-il ? Croira-t-on que tout se réduit littéralement à des exfoliations & à des élevûres, qui sur un globe de sept pieds & demi de diamétre n'excédent pas une demi-ligne en hauteur; & que le déluge n'est qu'une transpiration d'une eau intérieure, qui, poussée au-déhors, couvre pendant un tems affez court ces mêmes élevûres, & dont la quantité néceffaire ne remplit pas la trois cent foixantième partie de fa capacité. Que l'on nous dife après cela avec *Burnet*, qu'il faut au moins huit Océans, comme le nôtre, pour couvrir les plus hautes montagnes ; nous entendrons toutes ces chofes fans étonnement.

XLII. Telle eft la proportion de la plus haute montagne fur la terre à fon volume, & telle eft l'élévation des continens au-deffus des eaux de la mer comparée avec fon rayon. Quiconque les veut peindre autrement s'écartera d'une vérité effentielle que nul Philofophe n'a encore confidérée en fabriquant fon hypothéfe fur la conftitution de notre globe, & fur les caufes phyfiques du déluge, je veux dire celle de la maffe comparative de ce que nous appellons la terre ferme : cette maffe couronnée par des montagnes, dont plufieurs s'élevent jufqu'à la hauteur de près de quatre mille toifes, fi on la prend ifolée & fans comparaifon, nous étonne & nous égare ; mais elle s'évanouit prefqu'entiérement, comme partie aliquote du globe entier, aux yeux d'un Philofophe qui la réduit à fa jufte valeur. Dans cette vûe, pour la peindre avec vérité, elle n'eft, à la lettre, qu'un compofé d'exfoliations & d'élevûres, telles qu'un
fpectateur

spectateur les appercevroit, s'il les voyoit dans leurs exactes proportions sur un globe de sept pieds & demi de diamétre. Je dirai de plus que rien n'est si facile que d'imaginer une machine d'après les principes établis ci-dessus, quand on a l'idée de ce que l'on cherche, c'est-à-dire des forces physiques, soit d'une vapeur, soit de l'air sec extrêmement raréfié dans l'intérieur de la terre par un feu presque central, & nécessaire pour rompre, comme *Moyse* s'exprime, les canaux des sources qui communiquent avec le grand abyme, & pour obliger les eaux, qu'il contient en quantité suffisante, de monter jusqu'à la surface. L'événement sera, selon les calculs précédens, que la quantité nécessaire pour couvrir les plus hautes montagnes, sera moindre que la trois cent soixantième partie de sa capacité, & la premiere formation des continens avec leurs montagnes, aussi-bien que le déluge, qui en est une suite dans son tems, s'exécutera avec la plus grande simplicité physique possible. Il n'y aura ni force centrifuge qui accélére le mouvement diurne jusqu'à déranger toutes les parties du globe, telle que M. l'Abbé *Le Brun* a entrepris derniérement de la démontrer par une machine imaginée pour représenter le déluge, ni aucun dérangement du centre de gravité, selon *Halley*, ni aucune approximation d'une grande Cométe, selon *Whifton*, ni aucune diffolution des fubftances terreftres, felon *Woodward*, ni aucune action des courans, action incompatible avec la Phyfique préfente de la terre; enfin on ne mettra fur la terre ni Pélerins, ni Singes, comme a fait M. *de* ***; toutes ces reffources doivent difparoître devant les vrais principes avoués par la nature. Je n'aurai de même aucune peine, ni aucune dépenfe à faire pour produire aux yeux du public la machine repréfentative de ces deux grands phénomenes phyfiques avec les proportions fuivantes.

Sur un globe de fept pieds & demi de diamétre, l'exacte hauteur, répondant aux montagnes les plus élevées fur la terre, n'excéde pas une demi-ligne. Premier principe.

En fe fervant du rapport de fept à vingt-deux, qui fuffit fans plus de précifion, le globe de fept pieds & demi de diamétre contiendra, dans fa capacité, fept mille neuf cens trente-une pintes de Paris & un quart. Second principe.

Les plus grandes chaînes de montagnes, comme l'on voit, avec leurs bafes qui font les continens, ne font par-conféquent, proportions gardées, que comme des exfoliations avec des élevûres; ces exfoliations & ces élevûres ne demandent qu'une force intérieure expansive très-modique pour les fabriquer, & les faire sortir des eaux qui les enveloppent, pendant que les eaux elles-mêmes se retirent en partie dans les nouvelles cavités qui viennent de se former en conséquence de leur élévation. Troisième principe très-simple pour résoudre le problème de la premiere formation des continens sur le globe terrestre.

Pour mettre ensuite une demi-ligne d'eau sur toute la surface de mon globe de sept pieds & demi de diamétre, il ne me faut que vingt-deux pintes & peu de chose encore, qui ne font pas, comme je l'ai dit ci-dessus, la trois cent soixantième partie de sa capacité intérieure.

Je laisse maintenant à juger, si, en ne prenant qu'un huitième de mon globe en planisphére, qui contiendra toute l'Amérique méridionale depuis l'équateur jusqu'au pole austral, si, dis-je, je ne serai pas le maître de faire sortir successivement hors des eaux les différentes parties de cette portion du continent nouveau, avec tel dégré de lenteur que l'on voudra, par la force d'une chaleur intérieure & renforcée, dont je dirigerai l'action vers les endroits nécessaires. Mes terres ainsi formées, qui peut m'empêcher de me servir de la même force, en la dirigeant de nouveau, pour faire jaillir d'autres eaux jusqu'à la quantité nécessaire, dont je couvrirai mes terres, pour soutenir ensuite ce déluge, ou cet abrégé du déluge, pendant un tems donné, &, en diminuant à la fin le dégré de la chaleur centrale, laisser rentrer ce même fluide extravasé dans les cavités d'où il est sorti.

Ce moyen très-simple que l'on peut réduire en pratique avec toute la facilité imaginable, suffit pour faire sentir l'exactitude de l'Auteur Sacré, quand il donne pour cause principale du déluge, *la rupture des sources du grand abyme*, & ensuite la retraite des eaux dans les souterreins du globe.

L'histoire profane confirme les mêmes vérités par les cérémonies réligieuses qu'elle décrit, instituées parmi les différens peuples de la terre pour se retracer la mémoire du déluge, telles qu'étoient à Athénes les Hydrophories, ou fêtes du déluge, la fête de la Déesse de Syrie à Hiérapolis, & plusieurs autres qui représentoient toûjours la retraite des eaux dans les cavités de la terre par le moyen d'un gouffre qui se trouvoit sur le mont Parnasse. La tradition étoit très-ancienne, très-positive & très-générale chez toutes les Nations policées, & cette grande catastrophe se trouve très-bien prouvée par les institutions sacrées &

politiques des premiers peuples. Je ne crains point de citer à ce sujet l'antiquité dévoilée par ses usages, de feu M. *Boulanger*.

Ainsi ce grand événement a produit plus d'effets que n'en admet la théorie de la terre du célébre Auteur de l'Histoire Naturelle générale & particulière. Mais au reste son hypothése, en y ajoûtant la force intérieure, & expansive de la terre, est, en général, celle qui s'accorde le mieux avec mes idées, & approche le plus de la vérité du Texte sacré ; à l'exception de certaines causes physiques qu'il a employées, & qui me paroissent trop vastes, trop compliquées, trop irrégulières, & trop lentes par elles-mêmes pour produire les effets qu'il en déduit. Il est beau sans doute d'avoir péché par un excès de génie qui embrasse trop à la fois, & qui s'étend encore au-delà de son sujet. C'est tout ce que j'ose dire, quand il s'agit de faire la critique des opinions d'un Savant de son mérite en fait de connoissances naturelles. Peut-être son système n'est-il sujet à des exceptions que faute d'un développement qui lui manque encore, & que son illustre Auteur pourra lui donner dans la suite ; en ce cas j'aurai contribué par mes objections à lui procurer cette clarté nécessaire, & c'est tout ce

* M iij

que je dois défirer : je ne cherche que la vérité, à laquelle je fuis toûjours difpofé de facrifier mes idées favorites.

XLIII. Les conféquences phyfiques de tout ce qui précéde me femblent aſſez fenfibles, quoique la grande multiplicité des objets que j'ai raſſemblés fe montre d'abord avec une certaine confufion ; mais enfin pour les rendre encore plus claires & plus précifes, je vais en faire une efpéce de précis en les réuniſſant à mefure que j'avancerai avec le Livre de la Génefe : c'eft le feul moyen de leur donner toute la force néceſſaire, en démontrant, par l'enfemble, leur conformité avec l'Hiſtoire Sacrée & avec celle de la nature.

Après le développement lent & gradué des quatre élémens, comme nous l'avons déja remarqué, *Dieu dit auſſi : que les eaux qui font fous le ciel fe raſſemblent dans un feul lieu & que l'élément aride paroiſſe, & cela fe fit ainfi.* Gen. Chap. 1. v. 9.

Dieu dit encore : que la terre pouſſe de l'herbe verte . . . . & cela fut fait ainfi. V. 11. *Et du foir & du matin fe fit le troifième jour.* V. 13.

Dieu dit auſſi : que les corps lumineux foient faits, ou comme l'Hébreu le porte, *que des luminaires foient dans le firmament du ciel, afin qu'ils divifent le jour & la nuit.* V. 14. . . . . *Et du foir & du matin fe fit le quatrième jour.* V. 23.

Dieu dit aussi : que les eaux produisent des poissons vivans & des oiseaux qui volent sur la terre. V. 20.... Et du soir & du matin se fit le cinquième jour. V. 23.

Dieu dit aussi : que la terre produise des animaux vivans chacun selon son espéce, des quadrupédes, des reptiles. V. 24.... Dieu dit, faisons l'homme. V. 26.

Dieu dit aussi : (parlant à l'homme) *je vous ai donné toutes les herbes qui portent leurs graines sur la terre & tous les arbres qui renferment en eux-mêmes leurs semences, chacun selon leur espéce, pour vous servir de nourriture & à tous les animaux de la terre, & à tous les oiseaux du ciel, & à tout ce qui a vie & mouvement sur la terre, afin qu'ils aient de quoi se nourrir, & cela fut fait ainsi. V. 29. 20.... Et du soir & du matin se fit le sixième jour. 2. 31.*

Et Dieu acheva le septième jour l'ouvrage qu'il avoit fait, & il se reposa, ou comme l'Hébreu porte, *il cessa de travailler.... Chap. 2. v. 2.*

Istæ sunt generationes cæli & terræ. *Telle a été l'origine du ciel & de la terre, & c'est ainsi qu'ils furent faits, au jour que le Seigneur les forma, & qu'il fit de même toutes les plantes des champs, avant qu'elles fussent sorties de la terre, ou qu'elles eussent germé ; car le Seigneur n'avoit pas encore* *fait pleuvoir sur la terre, & la terre, (* selon le Texte Hébreu *) n'avoit pas encore fait sortir d'elle des sources, ni de la rosée, qui pussent arroser toute sa surface.* V. 4. 5. & 6.

Le Seigneur Dieu forma donc l'homme du limon de la terre. V. 7.

Or le Seigneur Dieu avoit planté au commencement un jardin délicieux dans lequel il mit l'homme qu'il avoit formé. V. 8.

De ce lieu de délices sortoit un fleuve pour arroser le Paradis, & de-là ce fleuve se partage en quatre canaux. V. 10.

Le Seigneur Dieu prit donc l'homme & le mit dans le Paradis de délices afin qu'il le cultivât. V. 15.

Le Seigneur Dieu dit aussi, il n'est pas bon que l'homme soit seul, faisons lui une compagne semblable à lui. Le Seigneur Dieu ayant donc formé de la terre tous les animaux terrestres & tous les oiseaux du ciel les amena devant Adam, afin qu'il vît comment il les appelleroit. V. 18. & 19.

Le Seigneur Dieu envoya un sommeil à Adam, & lorsqu'il étoit endormi, Dieu tira une de ses côtes & mit de la chair à la place, & le Seigneur Dieu forma de la côte .... une femme qu'il lui présenta. Alors Adam dit : voilà maintenant l'os de mes os, & la chair de ma chair. V. 21. 22. & 23.

Le Seigneur le mit hors du jardin de délices afin qu'il cultivât la terre & après qu'il l'eût chassé du jardin, il mit devant ce lieu de délices un Chérubin avec un glaive à flammes étincelantes & mouvantes.

Or toute là terre étoit corrompue & remplie d'iniquités devant le Seigneur.... Il dit à Noé, la fin de toute la chair est résolue en ma présence. Chap. 6. v. 11. & 13. *J'amènerai sur la terre les eaux du déluge, & je ferai mourir tous les animaux vivans qui sont sous le ciel, & tout ce qui est sur la terre sera consumé.... Et vous ferez entrer dans l'arche .... de toutes les espéces mâles & femelles, afin qu'elles vivent avec vous : des oiseaux selon leurs espéces, des animaux & des reptiles.... de chaque espéce.* V. 17. 19.

Vous prendrez donc avec vous de toutes les choses dont on peut manger & vous les porterez dans l'arche, & elles serviront à votre nourriture & à celle des animaux. V. 21.

Prenez sept mâles & sept femelles de tous les animaux purs, & deux mâles & deux femelles des

---

* Chérubin, ou *fort* & *puissant*, vient d'une racine qui signifie *labourer*, c'est ce qui fait que quelquefois on le substitue au mot *bœuf*. Chap. 3. v. 23. 24. On soupçonne que le Chérubin de *Moyse* étoit un Hieroglyphe d'Egypte qui avoit sa signification particuliére, & qui, peut-être, exprimoit un volcan.

animaux impurs. Prenez aussi sept mâles & sept femelles des oiseaux du ciel, afin d'en conserver la race sur la terre. Chap. 7. v. 2. & 3.

Je détruirai de dessus la terre toutes les créatures que j'ai faites .... V. 4.

Après donc que les sept jours furent écoulés, les eaux du déluge se répandirent sur la terre...., les sources du grand abyme furent rompues & les cataractes du ciel furent ouvertes ; & la pluie tomba sur la terre pendant quarante jours & quarante nuits. V. 10. 11. 12.

Les eaux crûrent & grossirent prodigieusement sur la terre, & toutes les plus hautes montagnes qui sont sous le ciel en furent couvertes. L'eau ayant gagné le sommet des montagnes s'éleva encore de quinze coudées plus haut. Toute chair qui se meut sur la terre fut consumée.... & tout ce qui rampe sur la terre. V. 19. 20. 21.

Or le Seigneur s'étant souvenu de Noé, envoya un vent sur la terre qui fit diminuer les eaux. Et les sources de l'abyme furent fermées, aussi bien que les cataractes du ciel, & les pluies qui tomboient du ciel furent arrêtées, & les eaux agitées se retirerent de dessus la terre, allant & venant les unes sur les autres. Chap. 8. v. 1. 2. & 3.

Or Noé bâtit un autel au Seigneur, & prenant de tous les animaux & de tous les oiseaux purs, il *les lui offrit en holocauste sur l'autel.* V. 20.

J'ai mis entre vos mains tous les poissons de la mer ; tout ce qui a vie & mouvement vous servira de nourriture ; je vous ai donné tout cela comme les légumes & les herbes. Chap. 9. v. 2. & 3.

Je mettrai mon arc dans les nuës, & il sera le signe d'alliance qui est entre moi & la terre, &c. V. 13.

Et comme Noé étoit Laboureur, il planta une vigne, & ayant bû du vin il s'ennivra. V. 20. 21.

Et tout le tems de sa vie ayant été de neuf cens cinquante ans, il mourut. V. 29.

On attribue à Saturne d'avoir commencé à cultiver la terre & la vigne ; on lui donne la terre pour épouse. Ici le prophane même s'accorde avec le sacré.

Immédiatement après le déluge, survient le changement de la terre ; effet vraiment physique. Cette catastrophe & celle des climats, malgré l'usage de la chair & du vin, qui étoit permis dès-lors pour en retarder les conséquences, sont les causes qui font que l'âge de l'homme diminue continuellement dans une proportion suivie jusqu'au tems d'Abraham.

XLIV. Voici maintenant les vérités physiques qui dérivent de tous les textes que je viens de citer dans leur ordre naturel.

La pointe la plus élevée de l'Asie, cette montagne sur les côteaux de laquelle se place ensuite le Paradis Terrestre, paroît au commandement de Dieu. C'est la tête & la partie la plus ancienne de la terre antédiluvienne, qui se développe ensuite lentement. Premier phénomene.

Cette partie de la terre, qui vient de se montrer, commence à pousser de l'herbe verte, précisément à la fin du troisième période, qui touche à l'aurore du quatrième; or c'est exactement à ce moment que le soleil se montre pour perfectionner la végétation déja portée à un certain dégré par la chaleur intérieure du globe. Second phénomene.

La présence du soleil avoit échauffé la terre & les eaux, pendant tout l'espace du quatrième période, pour les disposer à devenir prolifiques, quand les eaux émues intérieurement par l'esprit de la Divinité toûjours agissant sous le voile des causes secondes, se fécondent & produisent les poissons & les oiseaux. Troisième phénomene, avec lequel finit le cinquième période.

La terre se développe à mesure sous la conduite de Dieu, & se perfectionne de plus en plus. Le commencement du sixième période voit paroître les quadrupédes avec la suite des animaux terrestres, & la fin nous présente l'homme qui doit les commander, comme le dernier &

le plus parfait de tous les ouvrages divins. Quatrième phénomene.

La durée de ces six périodes nous est entiérement inconnue ; elle dépend, pour ainsi dire, des différentes pieces, dont les élémens prolifiques & leurs produits sont composés ; leur nombre, leur ordre intérieur, la nature de leur développement, & mille autres circonstances qui les regardent de la part des causes extérieures, nous sont nécessairement cachées ; tout ce que nous pouvons soupçonner, c'est qu'elle doit être considérable, si nous prenons pour terme de valeur les extrêmes parmi les végétaux & les animaux, comme sont les chênes & les baleines. Or il est certain, par ce que *Moyse* nous dit des végétaux, qu'ils n'ont pas été produits dans toute leur grandeur, puisque l'ordre a été donné directement à la terre de commencer à les pousser au-déhors avant que le soleil eût paru, pour les perfectionner.

XLV. Il n'y a rien dans cette notion d'un développement par dégrés de la terre ferme, de contraire à la vraie Physique ; loin de s'y opposer, elle est même très-conforme à la nature du globe nouveau, qui sortoit alors d'une matiere lente, quoique proportionnée préalablement par la Divinité à la propagation future du genre humain. La masse qui pesoit contre la force expansive presque en équilibre, n'étoit alors ni desséchée encore, ni brûlée, ni pétrifiée, comme aujourd'hui dans ses différentes parties, par conséquent elle cédoit avec douceur ; cette force expansive n'agissoit point dans ce tems ni par sauts, ni par bonds, ni par des ruptures, comme nous la voyons maintenant ; par conséquent en se conformant à la gravitation dont la force centrifuge de la terre diminue la quantité par dégrés depuis l'équateur jusqu'aux poles, elle nous donne des continens pour bases, & de grandes chaînes de montagnes qui les couronnent & se dirigent vers les deux poles, toûjours en se baissant de plus en plus. Les moindres chaînes ne se forment peut-être que par contre-coups, parce que la force réfléchie aux deux poles s'écarte latérallement ; elles vont pour la plûpart de l'est à l'ouest, entre lesquelles on trouve encore des montagnes posées sans regles par le flux & reflux des eaux, & les courans qui naissent des grandes montagnes déja établies. Ces eaux rentrant après le déluge auroient aussi contribué pour leur part à les multiplier. Cette espéce d'élévation se reconnoît facilement par l'immense quantité des dépouilles marines, dont elle est composée. Il y en a une tout près d'Aix-la-Chapelle, isolée au milieu d'une plaine, entourée de montagnes qui forment une espece d'amphithéâtre, à la distance environ de cinq ou six lieues. En la voyant, même sans être instruit de ce qu'elle contenoit, sa seule situation, sur-tout du côté qui regarde le bassin de la mer, me fit deviner les matériaux dont elle étoit composée. Je jugeai qu'elle devoit être un amas de sables, de coquilles, de coraux, de madrépores & de mille autres dépouilles marines; l'effet justifia ma conjecture peu de jours après lorsqu'on y fouilla en ma présence.

Les montagnes produites par les courans sont d'une composition très-différente de celles qui ne sont qu'incrustées tout au plus de quelques dépouilles de la mer; celles des courans sont composées entiérement de sables légers, mêlées intimement & par-tout, de substances marines de toute espéce, qui s'y trouvent ensemble sans aucun ordre depuis leur sommet jusqu'à leur base, comme celle d'Aix-la-Chapelle, dont je viens de parler; cette extrême différence se présente presque d'abord aux yeux du Physicien, même sans faire des fouilles profondes, & elle est vraiment caractéristique pour cette espéce de montagnes formées uniquement par les courans.

Cette vuë générale de mes principes quadre

parfaitement, & en tout, avec le système de M. *Linnæus* sur la situation du Paradis Terrestre, dont j'ai donné un précis ci-dessus. Les montagnes lunaires paroissent au contraire avoir été produites sur un autre plan, conformément à la seule destination de cette planete ; elles excédent presque trois fois en hauteur les plus élevées de notre globe, &, relativement au volume de la lune, la disproportion est encore infiniment plus frappante. Comme cette planete ne paroît nullement, pour plusieurs raisons assez convaincantes, destinée à nourrir des êtres vivans d'aucune espéce, puisqu'elle est sans pluies, sans eaux, sans atmosphere sensible, on doit la regarder simplement comme un satellite, ou appendice nécessaire à notre terre pour l'éclairer principalement & plus efficacement par ses aspérités, & produire dans nos eaux des mouvemens constans & uniformes. Par conséquent si nous la bornons à cet usage seul, loin d'être étonnés de la hauteur excessive de ses montagnes, de leur disproportion apparente, du balancement qu'elles causent dans son mouvement, & de l'irrégularité, sans gradation, avec laquelle elles paroissent semées sur sa perficie, nous connoîtrons en cela les vuës de la Providence, & nous en trouverons les causes physiques dans la différence

de

de la proportion primitive comparée avec celle de notre terre, entre la force expansive & la force résistante jointe à l'absence de la force centrifuge, régulatrice chez nous de l'expansive, dont la lune est nécessairement privée, parce qu'elle n'a pas sur son axe le mouvement journalier de notre globe.

Les effets de cette force expansive sur la terre, se montrent avec la derniere évidence aux Observateurs dans tous les pays de montagnes. On les voit composées de couches concentriques d'égale épaisseur de bas en haut, qui ont été visiblement soulevées & rompues après avoir pris une certaine consistence de l'état presque fluide où elles se sont nécessairement trouvées à leur premiere formation. Elles se sont remplies & pénétrées de coquilles, & même quelquefois d'empreintes de poissons, ou d'herbes marines, avec une abondance & une régularité qui se remarque dans toute leur étendue, ce qui démontre leur état primitif de fluidité ; l'épaisseur égale qu'elles conservent sur toute la pente de la montagne est de même une preuve qu'elles ont été formées dans une situation presque horisontale avant leur soulévement. Aucune autre théorie, même la plus plausible, je veux dire celle du célébre M. *de Buffon*, ne peut nous donner une raison physique de ces phénomenes, excepté celle d'une force expansive qui agit doucement après la formation horisontale des couches dont les montagnes sont composées. Un courant ne peut jamais semer & fixer avec égalité, sur une pente, des coquilles & d'autres substances légéres, encore moins élever une montagne, dont les couches concentriques, autrefois molles, se trouvent par-tout d'une épaisseur égale.

Il est impossible de déterminer à présent la figure exacte que la force expansive a donnée à la terre ferme primitive; mais il est très-certain, & par l'histoire, & par l'aspect présent de nos continens, comme M. *de Buffon* le remarque avec beaucoup de justesse, que le pays le plus ancien du monde est l'Asie, & qu'il y avoit autrefois une communication entre toutes les parties de la terre ferme en forme de zônes qui entouroient le globe sous l'équateur, telles à-peu-près que nous les voyons encore dans Jupiter; la quantité prodigieuse d'Isles qui sont entre les tropiques en est presque une preuve évidente.

Mais sans entrer dans des recherches de cette nature, où nous nous perdrons sans ressource, faute de principes sur lesquels on puisse appuyer des raisonnemens, qui d'ailleurs sont fort inutiles; il est cependant bon de remarquer que ce développement, par dégrés de la terre ferme, que je suppose proportionnelle à la propagation future d'une race plus simple dans ses mœurs & sa nourriture que la race présente, sert à résoudre un problème que je ne crois pas encore suffisamment résolu par aucune théorie.

Le tems de plusieurs générations successives que je donne par ce moyen aux poissons & aux coquillages pour se former, périr & déposer régulièrement leurs dépouilles mêlées de sables en couches, comme nous les voyons actuellement jusqu'à une certaine profondeur, se trouvera pendant le cinquième & le sixième période, & dès-lors même, pendant près de deux mille ans jusqu'au déluge, si l'on suppose que la seule terre, qui paroissoit hors des eaux assez considérable pour former une habitation convenable & suffisamment étendue sans interruption, étoit le continent d'Asie. Dans cette vûe, on doit regarder les autres continens comme naissans, & par-conséquent comme autant d'amas d'Isles, dont la plus grande partie qui se sont élevées depuis ce tems, étoient encore ensévelies sous les eaux de la mer; enfin que cela soit vrai ou faux, il est très-certain qu'il n'est nullement nécessaire de croire que la terre antédiluvienne étoit précisément la même que celle qui nous reste aujourd'hui ; car, en admettant les causes physiques du déluge, assignées par *Moyse*, & qui supposent une rupture en plusieurs endroits de la croûte extérieure, avec un soulévement des bas-fonds, les eaux en se retirant auroient pû laisser à sec presque par-tout le globe des terres nouvelles, de même que les conques de la plus grosse espéce & les autres dépouilles de la mer les plus massives, déja ensévelies sous les eaux pendant plusieurs siécles. Il n'est pas nécessaire non plus, comme je l'ai déja remarqué plus haut, que la terre antédiluvienne ait été d'une vaste étendue, parce qu'une race qui se nourrissoit entiérement de végétaux, qui n'avoit point de vignobles, & presque point de pâturages, dont les mœurs & la façon de vivre différoient totalement des nôtres, ne demande pas un terrein immense pour la subsistance de plusieurs millions d'habitans *. La preuve de cette vérité

---

* *Note sur la maniere de vivre des Antédiluviens.*

Si la férocité que le Philosophe de Geneve, si connu par sa dévise, *De Vitam impendere vero*, attribue à la Nation Angloise, est en raison directe de la quantité de chair qu'on mange, comme il le prétend, on pourra, dans mon hypothése, rendre une bonne raison de l'hu-

subsiste encore de nos jours chez les Chinois, dont le nombre, dit-on, excéde quarante millions dans un pays qui n'est guère la dixième partie du continent d'Asie. La plûpart tirent des végétaux ordinaires & leurs boissons, & leur nourriture, & le ris seul leur suffit pour l'entretien du peuple, qui fait la masse de la Nation. Ce genre de vie est commun entre les Tropiques.

Que l'on joigne maintenant à cette idée de la terre antédiluvienne l'idée de celles, qui, après avoir été long-tems submergées sous les eaux, se sont montrées ensuite de la catastrophe du déluge, dont les eaux après cent cinquante jours d'inondation se retirerent dans les cavités de la terre, on aura en même-tems de quoi répondre aux phénomenes des couches réguliéres des dépouilles de la mer déposées dans un certain ordre, & des bancs de coquilles de toute

meur pacifique des Antédiluviens. L'histoire du genre humain, qui ne parle que des grands Conquérans, des Guerriers & des batailles sanglantes après le déluge, n'en fait aucune mention avant cette époque. Mais malheureusement pour l'honneur du systême, si ces raisons physiques étoient bonnes & valables, les Montagnards des Cevennes devroient être mille fois moins féroces que les Courtisans les plus doux, ou les Princes les plus humains ; ce que la postérité pourra peut-être lui contester un jour, quoiqu'en pense le siécle présent.

eſpéce jettées pêle mêle ſans aucun ordre, dont nous avons tant d'exemples dans toutes les contrées de la terre. Il n'y a certainement aucun autre moyen de répondre à tout ce que l'on peut objecter contre toutes les hypothéſes imaginées juſqu'à préſent, & de réſoudre le problême de l'aſpect préſent de la terre.

XLVI. Revenons à préſent à l'ordre du Texte ſacré, que j'ai interrompu un moment pour expoſer mes principes & les appliquer aux phénomenes connus de tous les Naturaliſtes. Si nous comparons ce que Dieu a annoncé touchant la nourriture qui étoit alors deſtinée à l'homme dans le 29 verſet du premier chapitre de la Genéſe, avec la nouvelle inſtitution faite à ce même ſujet en faveur de Noé, chap. 9, v. 13, il eſt d'autant plus clair que ni les hommes, ni les animaux n'étoient point carnivores avant le déluge, que Dieu ajoute, en parlant de tout ce qui a mouvement & vie, *je vous ai donné tout cela comme je donnai autrefois les légumes & les herbes.*

C'eſt en partant de cette idée que M. *Linnæus* ſuppoſe avec raiſon que la création a commencé dans chaque eſpéce par la ſeule formation de deux animaux, mâle & femelle, comme dans le genre humain, parce que la ſimplicité paroît demander que l'unité soit l'origine & la racine de la multiplicité. De-là il conclut que toutes les espéces primitives étoient dans le Paradis Terrestre avec l'homme, & que c'étoit-là qu'*Adam* avoit eû le tems & l'occasion de les étudier, & les nommer chacune selon sa nature. Cette hypothése n'est nullement contraire à la physique des animaux prise dans toute son étendue, comme nous l'avons remarqué ci-dessus, & prouvé par quelques exemples. Si les becs crochus & les serres des oiseaux de proie étoient des marques certaines de leur genre de vie déterminé physiquement dans toutes les circonstances quelconques & nécessaire, la classe nombreuse des perroquets par exemple, qui se borne aux végétaux, auroit été, comme eux, assujettie à la même nécessité. Mais nous sommes fort éloignés de connoître la nature du climat & les productions particuliéres de la terre antédiluvienne, détruite après par le déluge en conséquence de la malédiction divine ; tout ce que nous dirons là-dessus ne sera jamais que très-vague, néanmoins il est très-probable que, plus féconde & plus heureuse qu'aucun autre sol établi depuis cette époque, la terre auroit pû fournir des végétaux, qui auroient suffi aux animaux carnivores & aux oiseaux de proie, non-seulement pour les nourrir, mais encore pour les attirer par goût, comme aujourd'hui même aux Indes orientales, des animaux carnivores & des oiseaux de proie se repaissent par préférence, dit-on, d'une certaine espéce de locuste dont les hommes aiment aussi à faire leur nourriture.

Cette hypothése se confirme encore par l'énumération des animaux & des oiseaux qui sont entrés dans l'arche, & dont le nombre suffisoit simplement pour la propagation future de ceux qu'on estimoit impurs ; sçavoir deux individus seulement de chaque espéce, mâle & femelle : les animaux purs, quoique plus nombreux, n'excédoient pas sept paires de chaque espéce qui pouvoient fournir aux besoins des sacrifices, comme la distinction de pur & d'impur paroît l'insinuer, & non pour nourrir pendant cent cinquante jours les animaux & les oiseaux que l'on supposeroit alors mal-à-propos carnivores. Cela est si vrai que, dans le v. 21 du 7º. chapitre, l'ordre est, relativement aux hommes, & à tous les animaux, de prendre simplement de toutes les choses dont *on peut manger*, sans faire aucune mention des bêtes surnuméraires qui auroient dû être destinées en partie pour leur nourriture suivant l'hypothése contraire.

XLVII. L'idée du Paradis Terrestre, dont

nous avons parlé vers le commencement de la section XLV°. faisant partie d'une montagne centrale très-haute, isolée au commencement, le sommet, pour ainsi dire, & la portion la plus ancienne de la terre antédiluvienne, paroît suivre assez naturellement du quatrième, cinquième & sixième verset du second chapitre cités ci-dessus. L'Auteur sacré, pour nous enseigner que chaque chose dans son origine dépendoit immédiatement de la seule Divinité, nous dit que tous les végétaux ont été créés avant de se développer par la force des causes secondes : car, ajoute-t-il, *le Seigneur n'avoit pas encore plû sur la terre, & la terre n'avoit pas encore fait sortir des sources ni des vapeurs qui pussent arroser toute sa superficie.* De ces deux manieres d'humecter la terre, dont la distinction est particuliérement remarquée, il paroît suivre que la terre antédiluvienne étoit dans l'état de celle d'Egypte, fertilisée sans pluies par les inondations du Nil, ou comme certaines Isles des Indes orientales auxquelles la seule rosée suffit. Cette hypothése se trouve encore confirmée par l'institution de l'Arc en ciel que Dieu a posé en forme de signe pour les hommes, afin de les guérir de cette frayeur naturelle qui leur avoit été causée par le déluge : l'institution même paroît nous assurer de la nouveauté du phénomene. On peut ajouter en même-tems que si les hommes avoient été déja accoutumés depuis près de deux mille ans aux pluies & aux orages, la grande habitude de les voir les auroit suffisamment munis contre une peur qui est par elle-même déraisonnable; & le déluge, qui n'est arrivé que cette seule fois après des altérations très-extraordinaires dans l'atmosphére, auroit été regardé plutôt comme accidentel, que comme une suite nécessaire des changemens de la même espéce, assez rares enfin pour ne jamais tirer à conséquence.

La situation du Paradis Terrestre & la figure de la terre antédiluvienne presqu'unie, (si nous en exceptons quelques chaînes de montagnes, dont la pente de tous côtés vers la mer qui l'entouroit étoit probablement très-douce,) avoit été formée ainsi exprès par la volonté de Dieu qui coopéroit avec les causes secondes dont il est toûjours le maître. * Cette situation & cette figure peuvent encore se déduire du verset 10, chap. 2. *De ce lieu de délices*, dit l'Auteur Sacré, *sortoit un fleuve pour arroser le Paradis*, & de-là

* L'Italie qui est partagée par une chaîne, avec une pente vers les deux mers, peut donner quelque idée imparfaite & en petit de la terre antédiluvienne, dont la montagne du Paradis étoit le centre.

ce fleuve se partage en quatre canaux. Mais c'est envain que quelque Commentateur de nos jours cherchera maintenant dans l'Asie moderne, ou le Paradis Terrestre, ou l'ancienne figure de la terre antédiluvienne, beaucoup plus exhaussée dans cette partie du monde, quoique les mêmes rivières subsistent encore en quelque façon ; car il est à présumer, avec la plus grande probabilité, que tout cela a été entièrement ravagé, ruiné & détruit par les eaux du déluge, & que la forme de l'ancienne habitation du genre humain a baissé dans sa hauteur & changé dans sa figure.

Quant au Paradis Terrestre lui-même, le Texte du chap. 3. v. 23. 24. *Du Chérubin armé d'un glaive à flammes mouvantes & étincellantes,* que l'on suppose avoir été un hiéroglyphe d'Egypte sous la forme de quelque animal, paroît montrer clairement, quoique d'une maniere figurée, l'éruption d'un volcan sorti du milieu de la montagne primitive, qui l'a détruite sans en laisser aucunes traces, & qui a ensuite été éteint par les eaux de la mer, ou par d'autres causes. Telle est à-peu-près la catastrophe causée par l'éruption du fameux mont Vésuve dans l'endroit le plus célèbre & le plus fertile de l'ancienne *Campania fælix*, mais dont nous ne voyons aujourd'hui que les tristes ruines & les cendres. Ce phénomene indiqué assez clairement par l'Auteur Sacré, sur-tout si on l'unit avec ce qui précéde concernant le fleuve qui sortoit de ce jardin délicieux, revient encore à mes idées d'une montagne primitive qui s'étendoit ensuite en chaîne par dégrés, & en nappe de tous les côtés avec la pente la plus douce possible vers le bassin de la mer, pour former la superficie totale de la terre antédiluvienne.

Après mes raisonnemens & mes recherches sur la signification du Texte sacré de la Généfe, il ne me reste plus qu'à remarquer qu'il est très-clair que la femme a été formée quelque tems après l'homme, & que cet intervalle est désigné très positivement, comme on peut le voir, dans le Texte sacré cité ci-dessus ; que le corps de l'homme a été fait du limon organisé & vitalisé, & que la femme a été propagée ensuite par une espéce de génération, ou production vitale du corps de l'homme même pendant qu'il dormoit, comme je l'ai expliqué, conformément aux loix de la Physique moderne, dans la derniere note de la premiere partie. On pourra observer aussi, en considérant la suite du même Texte sacré, que le déluge, malgré les faux systèmes de certains Auteurs modernes, n'étoit rien moins que particulier, comme ils le prétendent, pour se tirer de tout embarras. Les expressions sont trop fortes & trop précises pour pouvoir les détourner & les adapter à leur sens : des eaux qui couvrent toutes les montagnes du globe, tant la chaîne qui faisoit partie de la terre antédiluvienne, que les montagnes des autres continens qui paroissoient peut-être déja avant cette époque, quoique séparées & distribuées en Isles par l'Océan intermédiaire ; des eaux enfin qui font mourir tous les animaux terrestres sans exception, ne peuvent être regardées d'aucune façon que comme faisant une inondation absolument universelle qui couvrit la terre ferme en général sur toute la superficie du globe.

. . . . . *Si quid novisti rectius istis*
Candidus imperti ; si non, his utere mecum.

Hor.

XLVIII. Je terminerai mes recherches par une vuë très-générale de la nature, qui peint par-tout son Créateur, je ne puis les terminer d'une manière plus digne de la raison, qui doit consacrer tous ses efforts pour manifester la gloire de cet Être, duquel dérive essentiellement son existence & tout ce qu'elle posséde.

Regarde le ciel & la terre ; *l'univers annonce*

la gloire de son Créateur. O Philosophe ! soit que tu sois Astronome, Géométre, Physicien, Chimiste, Méchanicien, Anatomiste, vois les mouvemens des corps célestes ; quelle régularité ? considére leur volume, calcule leur masse, mesure leur distance, estime leur gravitation mutuelle ; quelle justesse dans les proportions ? examine de plus près la nature des êtres qui t'environnent, quelle exactitude dans l'échelle qui monte vers toi au travers de cette file immense de terres, de fossiles, de minéraux, de végétaux, d'animaux ; quel ordre, quelle étonnante harmonie ? renferme-toi dans ton laboratoire, analise les corps si variés qui constituent la base de cette échelle admirable ; quelles vertus, quelle action réciproque, quelles affinités, quels phénomenes extraordinaires ? sçais-tu les loix du mouvement, & les puissances méchaniques ; quels effets prodigieux proviennent des causes les plus légéres, les plus insensibles ? arme tes yeux des lentilles les plus fortes, poursuis, si tu peux, toutes les parties constitutives du corps humain, les artéres, les veines, le systême nerveux ; vois leurs ramifications innombrables ; quelle liaison, quel ordre, quelle justesse, quelles proportions ? & si tes yeux ne te suffisent pas pour éclairer ton esprit qui me demandera peut-être des preuves palpables, fais un essai sur toi-même ; la moindre piquûre te cause de la douleur ; toute douleur est l'effet immédiat & palpable d'un désordre, d'un dérangement dans les parties souffrantes ; apprends donc du sentiment même de la douleur que tout est scrupuleusement arrangé, & mis dans un ordre admirable par la sagesse du Créateur, jusqu'aux moindres parties constitutives de ton corps ; variété sans confusion, loix, système libre dans tout ce que tu vois, & sans nécessité. Qui est celui qui a commandé à toutes les planétes de se tenir dans les bornes du zodiaque, & de se mouvoir dans le même sens ? celui même qui ordonne aux Cométes de s'éloigner dans l'espace illimité & de le parcourir librement dans tous les sens possibles. Maître du tems, de l'espace, de la matiere & du mouvement, il diversifie tellement les objets, que deux êtres, de quelque petitesse qu'on les imagine, ne se trouvent jamais sur la terre parfaitement semblables entr'eux, & que ton esprit n'en saisira point le nombre illimité, & néanmoins tel est l'ordre uniforme & constant qu'il y a établi, telle est la gradation invariable, que tu peux raisonner sur la nature sans t'égarer, tu l'arranges par classes & par espéces, & toute ta science, dont tu fais un si vain étalage, dépend d'un enchaînement qui annonce un Créateur. Comment un système plein d'intelligence existeroit il sans un Être intelligent, & infiniment sage, qui l'a produit & qui le gouverne ? Comment l'univers seroit-il assujetti à des loix invariables sans un Législateur éclairé ? Une suite d'effets innombrables se conçoit-elle sans une cause première ? Celui qui a donné à l'homme son intelligence sera-t-il lui-même une cause aveugle & matérielle sans intelligence ? L'œil est fait pour voir, les oreilles pour entendre, & celui qui les a formés ne pourroit pas voir, ne pourroit pas considérer l'ouvrage de ses mains ? O Philosophe aveugle, tout insensé que tu es, tu ne peux t'empêcher toi-même de sentir que tout a sa destination particuliére, sa nature, son essence, ses qualités, sa fin ; & tu veux que le principe, qui préside à toutes ces causes finales, soit un être passif, indifférent, ignorant, qui te laissera agir à ta volonté, sans te prescrire d'autres loix que cette même volonté, & sans te demander aucun compte de ta conduite & de tes actions ? Une montre, un tableau, un morceau d'étoffe, l'ouvrage le plus vil que tu trouveras sur quelque Isle inhabitée, élevera sa voix, & te dira : *voilà les traces de quelque homme*, & tu n'oseras

jamais

jamais dire : *voilà l'ouvrage du hasard* ; & la voix de l'univers entier, tant d'étoiles fixes, tant de systèmes n'auront pas la force de te convaincre de l'existence de celui qui les a formés ? Hélas ! ton esprit t'éclaire malgré toi, & c'est à ton cœur que tu mens, quand tu cherches à rejetter la Providence qui te menace, & qui rit de tes efforts impuissans.

XLIX. J'ai démontré, dans la premiere partie de cet Ouvrage *, que l'homme est évidemment composé de deux principes antagonistes, & j'en ai inféré qu'il doit y avoir une distinction réelle & sensible entre le corps & l'ame. On me dira peut-être que mon raisonnement porte à croire qu'il y a donc dans l'homme deux forces ou deux principes opposés qui sont les sources de la vraie vertu, & d'où résultent nos connoissances, comme un effet composé, provenant de l'action & de la réaction mutuelle de ces deux causes différentes ; mais que cela n'empêche pas que nous ne croyons que l'ame comme le corps ne soit aussi une cause matérielle, dont les principes identifiés avec ceux de la matiere ne sont combinés seulement que d'une maniere différente & plus raffinés.

Pour résoudre la question, il est nécessaire de

* Page 153.

distinguer les idées comme objectives & causales, des idées vûes & senties, ou plutôt des effets produits dans l'ame intuitive. Les idées comme objectives & causales ne sont, à proprement parler, que les différens mouvemens produits dans les nerfs & dans les esprits animaux par les objets extérieurs, & ces mouvemens absolument matériels & méchaniques de leur nature, en même-tems qu'ils sont des effets constans, & répréfentatifs de l'action spécifique des objets extérieurs, deviennent à leur tour les causes d'autres effets d'une nature différente, en affectant par leur action le principe sensitif & intuitif ; ces effets sont ce que l'on appelle proprement les affections intimes de notre ame. Comme les causes sont toûjours distinguées de l'effet, ces mouvemens matériels & méchaniques des nerfs ne sont en aucune maniere les objets extérieurs, mais seulement leurs répréfentatifs constans ; de même ces mouvemens nerveux, qui deviennent causes par rapport aux effets produits sur le principe sensitif, ne sont aussi en aucune maniere les effets sensitifs, mais les causes de la sensation, par la raison que la cause doit être toujours différente de son effet. Le plaisir & la peine sont les deux effets les plus généraux produits par les mouvemens nerveux fur l'ame, & toutes les autres fenfations particuliéres font plus ou moins qualifiées par ces deux effets généraux qui les comprennent toutes : or le plaifir & la peine ne proviennent pas feulement de la quantité abfolue, mais auffi de la quantité rélative des différens mouvemens nerveux ; comme dans la mufique, la peinture, l'architecture & dans tous les objets naturels en général, qui ont chacun les proportions qui leur font effentielles pour être telle ou telle chofe. Jufqu'à ce point il n'y a rien qui décéle démonftrativement la fimplicité & la fpiritualité du principe fenfitif dans l'homme, parce que l'on peut toûjours répondre que la quantité rélative du mouvement en méchanique produit des effets rélatifs qui font phyfiques & matériels, auffi bien que ceux produits par la quantité abfolue ; mais l'ame ne fent pas feulement les effets rélatifs, elle voit auffi intuitivement & fcientifiquement les rapports mêmes qui en font les caufes, auffi bien que les rapports qui réfultent entre les effets produits par ces caufes. Donc l'ame eft un principe totalement diftingué de tous ces rapports pris collectivement ou diftributivement, quelque rafinés que puiffent être ou les mouvemens, ou les parties mifes en mouvement. D'ailleurs qui voit un rapport entre deux mouvemens nerveux, ou entre les causes extérieures de deux mouvemens nerveux, voit proprement ce qui n'est en effet ni l'un ni l'autre. Comment veut-on donc que l'ame ne soit pas distinguée des mouvemens nerveux ou des esprits animaux, puisqu'elle voit ce qui n'existe pas matériellement en eux, & qu'elle est supérieure par son intuition au résultat & aux rapports mêmes qui proviennent des mouvemens nerveux ou de l'action des esprits animaux ? Que l'on joue un air de musique, que l'on éleve un beau bâtiment, ou que l'on nous présente une belle statue, si l'ame s'arrêtoit au simple plaisir sensitif, on pourroit dire que l'effet produit sur elle n'est qu'un effet physique & matériel, rélatif & combiné ; mais l'ame s'éleve en sentant ce plaisir au-dessus même des rapports qui sont entre les notes de musique, ou d'autres proportions quelconques, belles & agréables, & devient par la science qu'elle erige en conséquence, fabricatrice des plaisirs nouveaux qu'elle tient d'elle-même : or la science par réfléxion, & par comparaison des rapports de deux causes ou de deux mouvemens matériels quelconques ne doit pas être confondue avec les mouvemens eux-mêmes, par la raison que l'objet d'une science n'est pas la science elle-même, encore moins le principe dans lequel la science réside. En effet si l'on excepte les sensations simples que nous avons au moment même où nous naissons, toutes nos connoissances ne sont que des rélations, & toute science est une science de rapports, qui ne se trouve pas, à parler philosophiquement, entre un objet & un objet, mais plutôt entre les idées de ces objets, ou les effets produits intérieurement en nous par les objets, & que nous substituons comme des réprésentatifs aux objets mêmes. Or tous ces effets qui partent d'un seul objet, & qui sont produits intérieurement dans nous, ou tous ces mouvemens nerveux, sont séparés, distribués & distingués réellement l'un de l'autre, pendant que l'ame, quoiqu'elle les sente séparément, les voit collectivement ; donc le point de vuë ou de réunion doit se trouver dans quelque principe non étendu : & puisque le point de distribution ou de séparation pénétre jusqu'au sentiment, de façon que l'ame distingue parfaitement un sentiment d'un autre, le point de réunion doit être au-delà de toute étendue, parce que où le sentiment commence, là finit la distribution, & par-conséquent l'étendue ; car c'est précisément là que commence la science comparative des rapports, qui multiplie, en proportion que le sentiment devient plus exquis, par l'attention même, & par la comparaison du principe intuitif : or les rapports ne sont pas les parties mouvantes distribuées, mais le résultat de la distribution qui provient de la comparaison des parties distribuées ; donc les parties distribuées & mouvantes, quelque raffinées qu'on les suppose, ne sont pas l'ame elle-même.

C'est de cette façon seule, en posant pour principe la simplicité de l'ame, que l'on peut concevoir que c'est le même principe individuel qui voit par les yeux, qui entend par les oreilles, qui goûte par le palais, qui sent par l'organe de l'odorat, & qui connoît un objet par l'attouchement, pour réunir ensuite tous ces différens sentimens & les sentir comme partant d'un seul objet.

En effet si l'ame étoit étendue, tous ses différens sentimens aboutiroient à différentes parties de l'ame, & aucune partie en particulier ne pourroit les réunir : or dans ce cas l'ame totale ne recevra pas tous ces sentimens, ni ne sentira jamais son individualité du côte du sentiment, puisqu'une partie de l'ame recevra l'action de l'odorat, une autre partie celle des yeux, & ainsi des autres ; mais aucune partie en particulier, étendue, comme on la suppose & matérielle, ne recevra le sentiment total & réuni, quelque raffinée qu'elle puisse être, puisqu'elle sera toûjours composée des autres parties, qui par leur impénétrabilité ne peuvent jamais s'identifier. C'est dans ces rapports métaphysiques, entre une sensation & une sensation, & dans la science des causes finales qu'il faut chercher la différence entre l'ame de l'homme & celle des bêtes. On conçoit aisément, quelque imparfaite que soit la science en général chez quelque Nation, comme par exemple chez certains Sauvages qui n'ont aucune idée d'un nombre au-dessus de dix, qu'il y a parmi ces Sauvages de quoi faire un Musicien parfait, un Architecte, un Peintre, un Statuaire, un Algébriste, dont toute la science part de l'unité, ou bien un Géométre, parce que l'on trouve chez eux les premiers élémens ou principes de toutes les sciences, des rapports métaphysiques, & la faculté de se perfectionner ; mais on ne sçauroit, sans être absolument dépourvû de raison, avoir la moindre espérance d'établir les arts & les sciences dans une classe d'animaux, même la plus parfaite du côté de la sensibilité physique : que l'on ne m'objecte pas les Singes, les Castors & les Abeilles : les bêtes en général peuvent avoir une sensation physique qui provient d'un

O iv

rapport, comme dans la méchanique on obtient tous les jours des effets physiques rélatifs qui proviennent de la quantité rélative de deux causes matérielles ; mais si elles paroissent ou dans le sentiment des rapports, ou dans la science des causes finales aller au-delà de ce point, la raison n'est pas dans ces brutes mêmes, elle se trouve dans une cause supérieure, une espéce d'harmonie préétablie, & on fait bien de l'appeller *instinct*. La preuve en est bien claire ; lorsqu'un homme qui ignore l'arithmétique au point de ne pas sçavoir combien font quatre fois quatre, produit à votre demande telle multiplication qu'on lui demande, quelque compliquée qu'elle soit, ou résout quelque problème d'algébre, il me semble qu'on ne doit pas balancer à dire que la raison de la solution de ces questions n'est pas en lui, mais dans quelque livre, ou quelque machine d'arithmétique, comme celle qui a été inventée par *Paschal* : c'est là précisément ce que nous remarquons chez les bêtes ; leurs opérations indiquent souvent dans tout ce qui concerne le bien-être ou des individus, ou de l'espéce, un principe de sagesse bien supérieur à celui de l'homme, & en même-tems, excepté dans certaines circonstances, un dégré de bétise qui n'est sûrement pas compatible avec cette haute fageſſe qu'ils montrent quelquefois, ſi ce principe de fageſſe étoit comme en nous un principe de raiſon dans l'animal même : que d'Architectes parmi les Caſtors plus grands que *Palladio*? que de Géométres parmi les Abeilles auſſi grands qu'*Euclide*, ſileurs opérations partoient d'un fond de raiſonnement ! Je ſuis fâché de trouver dans un Auteur que l'on eſtime, que la ſeule différence entre l'homme & la bête dérive de l'organe du tact. J'ai ſouvent oui-dire qu'un tel ſçavoit pluſieurs ſciences *ſur le bout du doigt :* mais comment ſoupçonner qu'il ſe trouve jamais des Philoſophes, qui, prenant une métaphore aſſez groſſière ſelon la lettre, aient eû la foibleſſe de l'ériger en ſyſtême ? des *doigts idéifiques*, que l'on me permette l'expreſſion, ſeuls productifs de la raiſon humaine ; quelle puérilité ! Les hommes nés manchots ne ſont donc pas des hommes ? cependant on les entend diſcourir tous les jours comme les autres, & quelquefois mieux, & parmi ceux que j'ai rencontrés, je n'en ai jamais vû aucun qui fût moins homme en fait de raiſonnement par ce défaut. O Philoſophes, imitez l'exemple du grand *Newton* ! ſortez de vous-mêmes, conſultez la nature, ne la croyez pas auſſi bornée que notre eſprit, examinez les faits !

sans cela nulle philosophie : c'est sur les faits, je le répéte, que le Christianisme est posé immuablement, & rien n'ébranlera jamais ses fondemens.

L. Je devrois peut-être demander grace pour des répétitions trop fréquentes d'idées, de raisonnemens & d'observations, particuliérement dans mes notes sur l'ouvrage de M. *Spalanzani*. Cependant on auroit tort de les regarder comme l'effet de quelque négligence de ma part, je me suis trouvé par la nature de mon travail dans la nécessité de suivre pas à pas mon Auteur, dont les objections se renouvellent en se diversifiant par les nouvelles vues que l'objet, quoique le même par-tout, présente dans une suite d'expériences, tandis que les réponses ne roulent que sur un seul principe très-simple en lui-même, & dans sa maniere d'opérer. On pourra croire aussi que j'insiste trop souvent sur ce qui peut écarter de ma façon de penser toute ombre de matérialisme, en appuyant fréquemment sur la distinction bien marquée entre la vitalité & la sensation, & qui se tire de la divisibilité de la premiere & de l'unité de la derniere de ces deux puissances ; mais on avoit représenté ces principes, qui me sont communs avec M. *de Buffon*, d'une maniere si erronée & si éloignée du vrai, que j'ai crû ne pouvoir trop m'empresser de désabuser mes Lecteurs sur une doctrine importante qui touche de si près le bien-être moral de la Société.

Au reste j'ai tâché de donner des idées neuves, vraies ou vraisemblables, & non pas des mots choisis avec art, ni des périodes qui marchent pompeusement. Quant au style, le françois est pour moi une Langue étrangère, & je frémis lorsque je pense que j'écris dans un siécle poli & délicat. *Tite-Live* malgré sa *Patavinité*, comme le remarque un Auteur moderne, a été très-bien reçu des Romains en faveur de la matiere intéressante qu'il traitoit. Je ne prétends pas cependant établir quelque comparaison en citant de grands exemples, c'est de l'indulgence que je demande & non pas des éloges. Qu'importe en effet que le goût anglois perce & se décéle à chaque page ? Il n'y a qu'un Rhéteur ou un faux Philosophe qui puisse s'en formaliser, comme ce Grec qui se fâcha de ce qu'une Fruitiere le reconnut pour *barbare* à son langage incorrect & peu attique, quoiqu'il eût vécu long-tems parmi les Athéniens.

Comma's and points they set exactly right,
'Twould be a sin to rob them of their mite.
Pope.

Je me paſſe aiſément de cette petite gloire, & pourvû que les Savans, plus riches en idées qu'en phraſes, & plus attachés au vrai qu'aux grands mots, ne trouvent rien de répréhenſible dans ma façon de penſer, je ſuis tranquile ſur le reſte. C'eſt la raiſon qui doit décider du mérite, & non pas une imagination qui s'enflamme aux étincelles électriques des phraſes pompeuſes & des anti-thèſes recherchées. Ceux qui s'appuient ſur la révélation & ſur la nature trouveront la théorie que j'établis aſſez probable; & ceux qui font peu de cas de l'Hiſtoire Moſaïque verront que loin d'être contraire à la phyſique préſente de la terre, comme la plûpart des hypothéſes imaginées, elle renferme d'une maniere plus ſimple les phénomenes tant généraux que particuliers du globe terreſtre, d'où chaque Naturaliſte prétend étayer ſon ſyſtême, mais ſans les comprendre dans leur totalité.

Je terminerai cette ſeconde Partie par des obſervations que j'ai faites autrefois ſur une partie des Alpes à la ſuite de S. E. Milord, Comte *de Rochford*, aujourd'hui Ambaſſadeur Extraordinaire de Sa Majeſté Britannique à la Cour de France; je crois qu'on ne les trouvera pas tout-à-fait déplacées à la fin de cet Ouvrage.

OBSERVATIONS

DES HAUTEURS,

Faites avec le Baromètre, au mois d'Août 1751, fur une partie des Alpes, en préfence, & fous les aufpices de Milord, Comte *de Rochford*, alors Envoyé Extraordinaire de Sa Majefté Britannique à la Cour de Turin; par M. *de Needham*, de la Société Royale des Arts & des Sciences, & de celle des Antiquaires à Londres, Correfpondant de l'Académie des Sciences à Paris.

AVERTISSEMENT.

LA rélation de ce voyage fait dans les Alpes à la fuite de Milord Rochford auroit pû être beaucoup plus intéreffante. Ce Seigneur s'eft fait un plaifir de donner toutes les facilités pour la plus grande exactitude des obfervations. Lui-même en a fuivi le cours avec autant de goût que d'intelligence. L'amour des sciences excitoit sa curiosité. Ses talens & ses connoissances l'avoient mis en état d'en recueillir le fruit.

J'ai saisi avec empressement tous les moyens de satisfaire un désir si louable & si conforme à son objet. J'ai multiplié les observations au-delà peut-être de ce qu'on auroit pû espérer d'un tems aussi court. J'ai profité de l'occasion pour les comparer avec celles que j'avois faites à diverses reprises dans les Apennins. Les différentes inductions, que j'ai tirées de ce parallèle, formoient une chaîne de conséquences propres à répandre un certain jour sur la théorie de la terre.

Cette acquisition de nouvelles idées, puisées dans l'expérience, me fournissoit la matière d'un ouvrage plus étendu. C'est celui que je viens de donner au Public, & que je me proposois alors de faire imprimer à Turin pour payer le tribut de mon respect & de ma reconnoissance à S. A. R. Monseigneur le Duc de Savoye. Ce Prince, en qui le plus heureux naturel a été si bien secondé par l'exemple & l'éducation, avoit daigné s'entretenir avec moi de ces mêmes observations, & m'encourager par son suffrage à les rendre publiques. L'approbation des Grands est en droit de flatter, même les Philosophes, lorsqu'elle doit son prix, moins à l'éclat du rang, qu'à la supériorité des lumières. Des occupations d'un genre si différent, des devoirs à remplir, un grand voyage à faire, ne me laisserent pas alors tout le tems nécessaire pour exécuter mon projet. Je me bornai donc à donner simplement les hauteurs de la partie des Alpes que j'avois parcourues. Rendu à moi-même, j'ai mis mon ouvrage en état de paroître, je désire qu'il plaise au Public, & au Prince qui m'honore de ses bontés.

OBSERVATIONS GÉNÉRALES.

LA montagne de Joch en Suisse est, de toutes les montagnes des Alpes, observées par *Scheuchzer* dans ses différens voyages, la plus élevée, & sa hauteur, perpendiculaire au niveau de la mer, est de 1340 toises. Ce Physicien donne pourtant, par conjecture, la hauteur de 1660 toises à Tittlisberg, qui fait une pointe latérale plus élevée tenant à la même montagne de Joch, hauteur qui surpasse celle du Canigou la plus haute des Pyrénées.

Comme le mont Tourné, sans considérer ses pointes latérales qui s'élevent bien davantage, & auxquelles aucun Observateur ne peut parvenir pour fixer son baromètre, donne pour son élévation 1683 toises; il est à présumer que le mont Tourné est la plus haute montagne de l'Europe. Sa situation, presqu'au milieu de la chaîne des Alpes, qui va toûjours, selon l'ordre général de la nature, en diminuant, tant du côté des plaines de la France & du Piedmont, que du côté des deux mers, & le cours des rivières, servent également à confirmer cette idée, au moins jusqu'à présent aucune observation ne nous a donné une hauteur plus considérable en Europe.

Les autres observations sont à la suite de celle du mont Tourné, dans l'ordre que je les ai faites, & je n'ai rien négligé pour les avoir exactes, autant que la fidélité de mon baromètre pouvoit me le promettre.

Cependant celles du mont Cénis, & la Glacière au nord-est de l'Hôpital sont prises de la rélation du Supérieur de cette maison, qui me les a données comme faites par M. l'Abbé *Nolet*. Avant que d'arriver à cette derniere montagne, la descente assez dangereuse du mont Tourné avoit tellement dérangé mon baromètre, qu'il n'étoit plus en état de me fournir des observations exactes, & le tems ne me permettoit pas de le rétablir.

Pour donner plus de poids aux observations barométriques,

sur la Nature & la Religion.

barométriques, j'ai crû nécessaire d'ajoûter les extraits suivans.

„ Le Pere *Laval* ayant mesuré géométrique-
„ ment diverses hauteurs à la sainte Baume &
„ aux environs, y a ensuite porté un baromètre,
„ & a observé de combien il y étoit plus bas
„ qu'à son observatoire à Marseille, dont il con-
„ noissoit l'élévation sur le niveau de la mer.
„ Il a envoye ses mesures & ses observations à
„ MM. *Cassini*, qui ont cherché quelle devoit
„ être, selon leur progression, la hauteur des
„ montagnes qui donnoit l'abaissement observé
„ dans le baromètre, & ils ont trouvé les mê-
„ mes hauteurs, que le Pere *Laval* avoit trou-
„ vées d'ailleurs par les mesures géométriques,
„ à deux ou trois toises de différence près, ce
„ qui n'est pas considérable «. *Hist. de l'Académie des Sciences*, 1708, pag. 27.

Quant à la maniere d'observer avec le baromètre, & d'en tirer les conséquences, c'est ce qui fournit cette regle très-simple que je rapporte en faveur de quelques Lecteurs. „ Il n'y
„ a qu'à chercher dans les tables ordinaires les
„ logarithmes des hauteurs du mercure dans le
„ baromètre, exprimées en lignes ; & si on ôte
„ une trentième partie de la différence de ces
„ logarithmes, en prenant avec la caractéristi-

» que seulement les quatre premières figures qui
» la suivent, on aura en toises les hauteurs réla-
» tives des lieux. Le mercure se soutenoit dans
» le baromètre à Carabourou, qui est la plus
» basse de toutes nos stations, à 21 pouces 2 ¾
» lignes, ou à 254 ¾ lignes, au lieu que sur le
» sommet pierreux de Pichincha il se soutenoit
» à 15 pouces 11 lignes ou 191 lignes. Si l'on
» prend la différence des logarithmes de ces
» deux nombres, on trouvera 1250, & si on
» ôte la trentième partie, il viendra 1209 toises
» pour la hauteur de Pichincha au-dessus de
» Carabourou ; ce qui s'accorde avec la déter-
» mination géométrique ". *Voyez la Figure de
la Terre, par M. Bouger*, pag. 39.

Cette regle est fondée sur ce que les condensations actuelles en chaque endroit y sont proportionnelles au poids des colonnes supérieures
qui causent la compression : ces condensations,
ou ces densités, changent en progression géométrique, pendant que les hauteurs des lieux
sont en progression arithmétique.

L'application de cette regle à la formation
de la table suivante, doit être censée d'autant
plus exacte, que tout le tems de notre course
dans les Alpes étoit parfaitement beau, & toutes les observations faites dans des jours d'une
égale sérénité.

Par la table des hauteurs des montagnes nommées les Cordelières au Pérou, en la comparant avec celle que j'ai donnée de cette partie des Alpes que j'ai parcourue, on peut, entr'autres choses, remarquer, non-seulement que les Cordelières en général sont beaucoup plus hautes, & presque le double des Alpes, mais que les habitations du vallon de Quito sont les plus hautes du monde, & même plus hautes que le Couvent du grand Saint-Bernard. Ce qui sert, par la pureté & l'élasticité de l'air, à tempérer les chaleurs de leur situation précisément au-dessus de la ligne équinoctiale, & rend leur demeure une espéce de Paradis Terrestre.

Une montagne est une masse immense en comparaison de cette portion de matière que nous animons, & de cette espéce de champ qui se trouve renfermé dans la sphère de la vision méchanique ; mais cette grandeur s'évanouit quand la pensée embrasse tout le globe terrestre.

Le diamétre de la terre est à-peu-près de 3000 lieues ; la hauteur de Chimboraso en Pérou, la plus haute montagne connue, est de 3000 toises ; 3000 toises à 3000 lieues font la proportion d'une toise dans une lieue, ou un pied dans 2200, ou moins encore que la sixième partie d'une ligne sur un globe de deux pieds

& demi de diamétre. La régularité de la courbe de la terre ne souffre rien par une telle élévation. Voyez l'Histoire Naturelle, par M. *de Buffon*, tom. I.

Tout est rélatif dans la nature, & les connoissances bornées des hommes ne sont établies que sur la comparaison.

Comme la terre s'éleve graduellement vers l'équateur, & s'applatit en approchant des deux pôles, ainsi les différentes chaînes des montagnes s'élevent ou s'abaissent à mesure qu'elles s'approchent, ou qu'elles s'éloignent de l'équateur. Les montagnes d'Afrique ou d'Asie sont plus hautes que celles de l'Europe, & les Cordilières sous l'équateur en Amérique, surpassent toutes les autres.

Les chaînes les plus considérables tendent, les unes d'occident en orient, les autres du nord au sud : celles-ci occupent les terres entre les Tropiques & quelques endroits du nord ; celles-là s'étendent dans les zones tempérées, & sont en plus grand nombre.

Les montagnes, dont la masse va d'occident en orient, forment des deux côtés des avances, dont les unes regardent le nord & les autres le midi ; & celles, dont la masse gît nord & sud, forment des avances qui répondent à l'est

& à l'oueſt ; c'eſt à-dire que les montagnes décrivent deux lignes qui ſe coupent à angles droits, & qui ſont parallèles, autant qu'il eſt poſſible, à l'équateur & au méridien.

Lorſque deux montagnes giſent à côté l'une de l'autre, elles forment des vallons de différente largeur, & les avances de ces montagnes répondent alternativement les unes aux autres ; c'eſt-à-dire qu'elles ſont preſqu'auſſi régulières que des ouvrages de fortifications, & l'angle ſaillant de l'une répond à l'angle rentrant de l'autre. Voyez Lettres Philoſophiques, par M. *Bourguet*.

Cette remarque, qui eſt entièrement de M. *Bourguet*, jointe aux coquilles, & autres dépouilles de la mer qui ſe trouvent diſperſées ſur toute la terre, démontre aux yeux des Phyſiciens, que la terre eſt ſortie des eaux de la mer. Elle nous fait admirer la grande régularité qui regne par-tout, même dans les montagnes qui d'ailleurs paroiſſent ſi irrégulières aux yeux du vulgaire ; il ſuit de-là que certaines cauſes très générales, *qui ne ſubſiſtent plus*, agiſſant par des loix fixes & déterminées, ont preſcrit aux montagnes une hauteur régulière, à la mer une profondeur proportionnée, & à la terre cette courbe préciſe & ſphérique qui ſe préſente aux yeux du Géométre.

Ceux enfin qui veulent avoir une idée juste des montagnes, comme elles se trouvent disposées par la nature dans un certain ordre & une certaine gradation, doivent considérer le mont Cénis, par exemple, comme le premier dégré d'élévation, qui va toûjours en augmentant, à mesure que l'on avance; de cette maniere on sera bien éloigné, comme il arrive assez souvent, de prendre le mont Cénis, ou le mont Viso, ou même la Roche-Melon pour des hauteurs très-considérables, en comparaison des autres plus reculées dans la chaîne.

La nature est par tout d'une exacte régularité; ses gradations sont mesurées; elle n'a ni élévations soudaines, ni chûtes précipitées: & cela seul suffiroit pour confondre le prétendu Philosophe qui bâtit sur le hasard, & l'insensé qui a dit dans son cœur, il n'y a point de Dieu. La sagesse du Créateur brille autant au pied de son thrône & sur la terre que dans la voûte céleste, & parmi les astres qui l'éclairent d'une maniere si admirable.

LETTRE

A Messieurs les Éditeurs du Journal Littéraire de Berne.

JE dois vous remercier, Messieurs, de l'honneur que vous m'avez fait, en publiant, dans votre Journal Littéraire, mes Observations barométriques sur les montagnes des Alpes en Savoye & dans le Duché d'Aoste. Pour rendre ces Observations encore plus intéressantes, j'ai pris la liberté de vous envoyer une lettre, que l'illustre M. *Bouguer*, dont nous regrettons si sensiblement la perte, m'a fait parvenir, fort peu de tems avant sa mort, sur la méthode d'appliquer la regle, qu'il donne dans son Livre *de la Figure de la Terre*, pour trouver la hauteur des montagnes par le moyen du baromètre. J'ai crû ne pouvoir mieux faire pour la communiquer au public, que de vous la transmettre, afin qu'elle trouve la place qu'elle mérite dans un recueil si distingué, & propre, par le choix judicieux des piéces, à plaire généralement à tout le monde sçavant. Voici l'extrait de cette lettre, avec l'application de sa méthode à mes observations barométriques.

„ La méthode que j'ai donnée dans le Livre
„ *de la Figure de la Terre* pour trouver la hauteur
„ des montagnes par le moyen du baromètre,
„ n'est bonne que pour les montagnes assez hau-
„ tes, pour que l'élévation du mercure dans le
„ baromètre n'y soit guère variable, ainsi je
„ ne crois pas qu'on puisse l'appliquer avec suc-
„ cès aux expériences faites à Turin, à la cité
„ d'Aoste, à l'hôpital du mont Cénis, & autres
„ moindres hauteurs. Cette méthode, outre
„ cela, ne donne pas immédiatement la hau-
„ teur des montagnes au-dessus du niveau de
„ la mer ; elle donne la quantité dont elles sont
„ moins hautes que *Pichincha* que j'ai pris pour
„ terme, parce que j'ai crû que cette montagne
„ d'auprès de Quito, étoit la plus haute de tou-
„ tes celles de notre globe, qui sont accessi-
„ bles...... En appliquant la regle au mont
„ *Tourné*, je trouve qu'il est moins haut que
„ *Pichincha* de 668 toises, & comme cette der-
„ niere montagne a 2434 toises d'élévation au-
„ dessus de la mer, ainsi que je l'ai trouvé par
„ la mesure géométrique, il s'ensuit que le mont
„ *Tourné* est élevé de 1746 toises. J'ai suivi la mê-
„ me méthode pour les hauteurs des autres postes.

sur la Nature & la Religion.

Hauteurs observées.	Hauteurs du Mercure en lignes.	Hauteurs des Montagnes en toises.	Exemple de la méthode pour le mont Tourné.
St. Remi...	276.	888.	2. 3522. Logarithme de 225 lignes ; hauteur du Mercure sur le mont Tourné.
Couvent du grand Saint Bernard....	250.	1304.	
Rocher au sud-ouest dudit Couvent.	248.	1337.	2. 2810. Logar. de 191 lig. hauteur du Mercure sur *Pichincha*.
Mont Séréné.....	247 ½	1346.	712. différence des logarithmes.
Cor Mayeur.	289 ½	684.	24. Trentième partie à retrancher.
Milieu du chemin de l'allée blanche.....	279.	843.	688. Différence réduite, qui marque combien *Pichincha* est plus haut que le mont Tourné.
Au haut de l'allée blanche.....	249 ½	1312.	
Villes des Glacières..	270 ½	973.	2434. toises, hauteur de *Pichincha*, mesurée géométriquement.
Bourg Saint Maurice...	291.	666.	688. différence des 2 hauteurs.
Mine de Pesey.....	262.	1107.	1746. toises, hauteur du mont Tourné au-dessus du niveau de la mer.
Mont Tourné.....	225.	1746.	

Il s'agit à présent de comparer la table des hauteurs donnée par M. *Bouguer* dans cet extrait, avec celle que j'ai déja fait paroître. J'emploie la même regle en montant du niveau de la mer, que j'ai pris pour terme, comme il se prend en descendant de la montagne de *Pichincha*, qui lui sert aussi de terme dans ses calculs, & ce qui paroîtra peut-être assez remarquable, c'est que la différence entre les mêmes hauteurs données par les deux tables, est précisément de soixante-trois toises *. Cette différence une fois donnée doit nécessairement, par la nature des logarithmes, se trouver entre les deux tables dans toute la suite, mais il reste toûjours

---

* J'ai déja donné, parmi mes observations générales sur les montagnes, la regle dont parle M. *Bouguer*; je la répéte ici pour la commodité de mes Lecteurs. Il n'y a qu'à chercher dans les tables ordinaires les logarithmes des hauteurs de mercure dans le baromètre, exprimées en lignes, & si on ôte une trentième partie de la différence de ces logarithmes, en prenant avec la caractéristique seulement les quatre premières figures qui la suivent, on aura en toises les hauteurs relatives des lieux.

Cette regle est fondée sur ce que les condensations actuelles en chaque endroit y sont proportionnelles au poids des colonnes supérieures qui causent la compression : ces condensations, ou ces densités changent en progression géométrique, pendant que les hauteurs des lieux sont en progression arithmétique.

à sçavoir, laquelle des deux péche, ou la sienne par un excès, ou la mienne par le défaut de soixante-trois toises, qui font la différence des deux tables.

Si la regle de M. *Bouguer*, de la façon dont il s'en sert, péche par excès, cet excès, qui n'est que de 63 toises, ne sera pas considérable pour les grandes hauteurs auxquelles seules il veut qu'elles soient appliquées * ; d'ailleurs nous sçavons, par les observations, qu'elle s'accorde très-bien, pour les montagnes sous l'équateur, qui sont les plus hautes de notre globe, avec les mesures géométriques : d'un autre côté, si nous ajoutons cette même différence de soixante-trois toises aux moindres hauteurs dans ma table des observations, comme à celle de Turin au-dessus du niveau de la mer, celle d'Ivrée, de la cité d'Aoste, ou du mont Cénis, il est évident, non-seulement qu'elle est considérable par rapport au total de cent, de deux cens, ou de trois cens toises, mais qu'elle donne des mesures absolument fausses, qui péchent clairement par un excès très-sensible.

» On fera du baromètre, selon M. l'Abbé

* Cela paroîtra par la comparaison des deux tables, si on néglige les demi-toises. La raison de cette différence remarquable se trouvera ci-après.

» *Nolet* *, une application heureuſe & utile, ſi
» l'on s'en ſert pour meſurer la hauteur des
» montagnes, ſuivant les expériences qui furent
» faites par MM. *Caſſini, Maraldi* & *Chaſelles*,
» en Auvergne, en Languedoc & en Rouſſil-
» lon **. Maintenant il paroît par leurs obſer-
» vations, que depuis le niveau de la mer juſ-
» qu'à une demi-lieue de hauteur, on peut
» compter environ 10 toiſes d'élévation pour
» chaque ligne d'abaiſſement du mercure, en
» ajoutant un pied à la premiere dixaine, deux
» pieds à la ſeconde, trois pieds à la troiſième,
» & ainſi de ſuite.

Cette regle, qui péche par défaut ſur les hauteurs moins conſidérables, & par excès ſur les
grandes hauteurs, comme nous le démontrerons
dans la ſuite, (quoique ni le défaut, ni l'excès
ne ſoient conſidérables, ſi la regle n'eſt pas portée au-delà de la hauteur de 764 toiſes, ou un
mille Italien, & non pas, comme ces Meſſieurs
le veulent, à une demi-lieue de hauteur, ou
1146 toiſes,) cette regle, dis-je, s'accorde aſſez
avec toutes les obſervations ſur les moindres

* Phyſique Expérimentale, Leçon II, tom. 3, page 351.

** Mémoires de l'Académie des Sciences, 1703, pag. 229 & ſuiv.

hauteurs, pour démontrer que la méthode de M. *Bouguer*, appliquée pareillement aux moindres hauteurs, comme je l'ai déja dit, péche par un excès très-confidérable. Cela paroîtra très-clair à quiconque fera l'application de ces deux méthodes à ma table des obfervations barométriques. Que la ligne de mercure foit évaluée avec M. *Caffini*, fur la montagne de Notre-Dame-de la Garde près de Toulon, à dix toifes & cinq pieds; ou avec M. *La Hire*, en différens tems & lieux, à douze toifes fur le mont Clairet dans le voifinage de la même ville, à douze toifes, quatre pieds à Meudon, & à douze toifes, deux pieds, huit pouces à Paris; ou avec M. *Picart* au mont St. Michel à quatorze toifes, un pied, quatre pouces; ou enfin avec M. *Valerius*, fçavant Suédois, à dix toifes, un pied, quatre lignes, il fe trouvera toûjours que la méthode de M. *Bouguer* péche par un excès très-confidérable fur les moindres hauteurs, & qu'elle n'eft applicable, comme il le dit lui-même, qu'aux montagnes affez hautes, pour que la hauteur du mercure dans le baromètre ne foit guère variable.

Il paroîtra peut-être étonnant que des Obfervateurs fi bien inftruits foient fi peu d'accord entr'eux, & que leur rapport foit fi différent.

Il est bon par-conséquent de remarquer en passant, qu'on doit attribuer toutes ces différences, ou à des couches de vapeurs qui peuvent regner dans certaines parties de l'atmosphére, & qui en altérent pour un tems la pesanteur, ou à la situation des lieux où l'on fait ces expériences, & par-conséquent à la pesanteur actuelle, ou plutôt à l'élasticité, plus ou moins grande, de l'atmosphére *, qui est très-variable dans ses basses régions aussi-bien que la densité, à proportion qu'elle est plus ou moins chargée, soit par la propre matiere amoncellée, soit par des parties étrangères qui s'y mêlent; ou enfin, comme M. l'Abbé *Nolet* le remarque très-bien, (& c'est peut-être la raison la plus forte), parce qu'il est très difficile d'estimer au juste chaque ligne d'abaissement de mercure dans le baromètre, où le mécompte d'un douzième de ligne est d'une grande conséquence. Il suffira pour produire de pareilles erreurs, ou d'un défaut de mobilité, qui empêchera le mercure de se remettre dans un parfait équilibre avec l'atmosphére après ses balancemens, ou de la convexité de sa surface, & des petites réfractions occa-

* Voyez la Dissertation de M. *Bouguer* sur les dilatations de l'atmosphére, dans les Mémoires de l'Académie des Sciences pour l'année 1753, pag. 39 & pag. 515.

sionnées par l'epaisseur du verre, qui peuvent facilement tromper la vuë de l'Observateur, même le plus attentif. Mais toutes ces variations dans les régions basses de l'atmosphére n'affectent pas le baromètre d'une façon si irrégulière sur les hauteurs considérables qui surpassent six cens ou sept cens toises, & le défaut qui provient du mécompte de la hauteur réelle du mercure, disparoîtra dans un baromètre très-sensible dont la description se trouvera ci-après: pour les hauteurs qui sont moindres, & qui n'arrivent pas jusqu'à six cens toises, il n'y a d'autre remede que de choisir, pour faire ses observations, le tems le plus sérein & les jours les plus calmes, & les unir ensuite dans une échelle de hauteur rélative, bien assurée avec les observations qu'on fera sur des hauteurs plus considérables.

Revenons à présent à la méthode prescrite par M. *Cassini*; si nous prenons, comme il est très-raisonnable, un milieu entre tous les différens rapports donnés pour évaluer en toises une ligne de mercure, & que nous le fixions à douze toises environ, il se trouvera que la méthode de M. *Cassini* péche par défaut pour les moindres hauteurs. De plus ce défaut ne se corrige pas facilement, & quand il cesse, c'est alors que la regle commence auſſi-tôt à pécher par un excès qui devient bientôt très-conſidérable. Elle péche par défaut, puiſqu'elle commence par un rapport de dix toiſes pour la premiere ligne d'abaiſſement du mercure, qui eſt le plus petit de tous les rapports aſſignés par les Obſervateurs, pendant que le produit de ſa raiſon, quoiqu'en progreſſion arithmétique, ne s'éleve pas au niveau du produit de celle de M. *Bouguer*, qui ne deſcend qu'à la moitié du chemin dans ma table des obſervations barométriques, à ſçavoir, au *milieu du chemin de l'allée blanche* à-peu-près, ou à cinquante-ſept lignes d'abaiſſement du mercure, qui font auſſi à-peu-près la moitié de cent onze lignes, ou l'abaiſſement total ſur le mont Tourné : or la regle de M. *Bouguer* ne péche par aucun excès, comme il eſt clair par les meſures géométriques, & par la nature même invariable de l'atmoſphére ſur les grandes hauteurs, juſqu'à l'abaiſſement de ſix cens toiſes environ : donc la regle de M. *Caſſini* commence, & perſévére à pécher par défaut, quoique ce défaut ne ſoit pas conſidérable, & qu'il diminue à chaque pas, juſqu'à ce que portée à l'égalité avec celle de M. *Bouguer*, elle paſſe conſidérablement toutes les bornes raiſonnables. Enfin, ſi on l'applique aux grandes hauteurs, elle

elle péche par un excès si énorme, qu'elle donne au mont Tourné 2146 toises, hauteur qui le range dans la classe des montagnes sous l'équateur, dont plusieurs n'excédent pas cette mesure. Au contraire, suivant la regle de M. *Bouguer* le mont Tourné ne doit avoir que 1746 toises de hauteur, ce qui répond assez, selon la gradation observée dans les chaînes des montagnes, à sa situation qui est dans une distance à-peu près égale du pôle & de l'équateur. Car 1746 × 2 = 3492, & on trouve sous l'équateur des montagnes de cette hauteur.

De tout ceci j'infére, (& j'en recommande avec instance la vérification à tous les Observateurs du pays, puisque la plus belle théorie ne doit être d'aucune importance aux yeux des vrais Philosophes, si elle ne se confirme pas par des expériences réitérées,) j'infére, dis-je, que la regle de M. *Bouguer*, qui a déja été vérifiée pour les grandes hauteurs, pourra servir également avec la même exactitude pour les moindres hauteurs, en y apportant une certaine modification, & sous de certaines conditions.

La modification que je demande pour les moindres hauteurs, est que l'Observateur se serve, pour terme, du niveau de la mer *, jus-

---

* Cela se fait par le moyen d'un autre baromètre

Part. II.   Q

qu'à la hauteur de cinq ou six cens toises tout au plus, ou ce qui revient au même, jusqu'à l'abaissement dans la colonne de mercure de trente ou de quarante lignes, en conséquence d'un résultat plus exact des expériences à faire, comme M. *Bouguer* se sert du *mont Pitchintcha* pour terme supérieur des hauteurs plus considérables.

Dans cette vûe l'atmosphére se partagera en deux portions inégales, dont la mesure pour la moindre portion inférieure, qui sera réputée comme un fluide hétérogène, variable & d'une autre nature que la partie supérieure, sera prise du niveau de la mer, pendant que l'autre partie, beaucoup plus considérable & plus homogène, aura pour son terme le *mont Pitchintcha*, la plus grande des hauteurs accessibles sur le globe.

De cette façon l'échelle qui en résulte se trouvera restreinte au vrai par les deux extrêmités, & si, pour rendre le calcul encore plus facile, on veut se servir d'un seul terme, cela pourra se faire, ou en employant le seul terme supérieur du *mont Pitchintcha* pour toute l'échelle, pourvû qu'on ôte le nombre de soixante-trois

---

posé dans quelque port de mer, & vû soigneusement par un second Observateur pendant tout le tems des observations du premier sur les différentes hauteurs.

toises de toutes les hauteurs données au-dessous de cinq cens ou six cens toises ; ou en employant le seul terme inférieur du niveau de la mer, en ajoutant le même nombre de soixante trois toises à toutes les hauteurs données qui surpassent cinq ou six cens toises : reste toûjours à l'expérience à fixer dans l'échelle les bornes de ces deux termes avec plus de précision *.

Il est pourtant très-nécessaire de remarquer que cette façon d'ôter, ou d'ajoûter le nombre précis de 63 toises ne donne pas une regle générale, applicable à tous les cas possibles. Il n'est vrai, selon toutes les apparences, que dans les circonstances particuliéres de mes observations barométriques ; d'autres observations, avec d'autres circonstances, donneront une toute autre différence entre les deux calculs qui proviennent de l'usage des deux termes : la différence néanmoins entre le produit des deux termes une fois donnée, la même opération se présente également pour toute échelle des observations barométriques quelconques. Tout cela paroîtra

* Voyez au commencement de cette lettre la maniere de calculer les hauteurs par les logarithmes en se servant du terme supérieur, ou en employant le terme inférieur, comme dans l'extrait de mes Observations. Tom. II, 1758, pag. 239.

très-clairement à ceux qui se donneront la peine de lire la dissertation de M. *Bouguer* dans les Mémoires de l'Académie des Sciences pour l'année 1753, sur les dilatations de l'air dans l'atmosphére. Selon cet illustre Philosophe, » les » densités de l'air ne sont pas toûjours propor- » tionnelles aux hauteurs du mercure ; elles sont » souvent ou trop grandes, ou trop petites, » comme effectivement il les a trouvées en s'ap- » prochant de la mer ; alors la regle, qui réussit » dans le haut de la cordeliére, aura besoin » d'une équation : si l'air est trop dense, la mê- » me quantité occupera moins de place, ainsi » on sera obligé de faire une légére diminution » à la hauteur trouvée par les logarithmes : si » au contraire l'air est trop peu condensé à pro- » portion de la hauteur du mercure, il occu- » pera plus d'espace ; il faudra donc augmen- » ter la hauteur fournie par la premiere regle «. Le cas de mes observations particuliéres sera le cas d'une plus grande densité de l'air, par laquelle il s'est écarté dans les régions basses de la densité toûjours proportionnelle qu'il devroit avoir avec l'air supérieur s'il n'étoit sujet à de grandes variations. De quel côté pourtant que soit l'erreur, soit qu'elle provienne d'un défaut, ou d'un excès de densité proportionnelle, il est toûjours vrai que les deux termes employés dans le calcul servent à la diminuer en la partageant, & se corrigent réciproquement en ôtant, ou en ajoûtant ce que l'un ou l'autre donne de trop ou de moins.

Les conditions que je demande, sont premièrement, une égale & constante sérénité pendant tout le tems de l'observation, autant qu'on peut la trouver, & cette condition regarde principalement la partie inférieure de l'atmosphére qui est seule sujette à des variations considérables, pour pouvoir ensuite former avec exactitude la partie inférieure de l'échelle depuis le niveau de la mer, jusqu'à la hauteur de cinq ou six cens toises ; secondement un baromètre portatif beaucoup plus sensible que les baromètres ordinaires : de cette façon, sur-tout par le moyen d'expériences encore plus exactes que celle de M. *Cassini* & autres, je ne désespére pas de pouvoir prendre les hauteurs avec plus de facilité & de précision qu'on ne les prend même avec un quart de cercle par des mesures géométriques, qui souvent sont très-trompeuses par la quantité toûjours variable & inconnue de la réfraction, d'autant plus que les hauteurs sont prises ordinairement dans la partie inférieure de l'atmosphére, outre qu'il y a

Q iij

souvent bien des occaſions où les meſures géométriques ne peuvent être employées, & où l'on doit ſe contenter de connoître les hauteurs à 10 ou 12 toiſes près.

Le baromètre que j'ai à vous propoſer eſt de l'invention de M. *Paſſemant*, Artiſte de Paris très-connu & très-ingénieux. C'eſt le baromètre de M. *Huygens* réduit par les infléxions d'une table qui ſerpente entre les deux colonnes de mercure, aſſez commode, léger, portatif, qui ne ſe dérange guère par le mouvement, & ſe range facilement quand il eſt en repos ; enfin ſi ſenſible, qu'au lieu de quinze pouces, il pourra avoir quinze pieds de marche. Au lieu de deux pouces de marche qu'ont les baromètres ordinaires, M. *Paſſemant* a donné au ſien ſix pieds : mais pour notre baromètre des hauteurs une ſi grande ſenſibilité n'eſt pas néceſſaire, & ajoûteroit inutilement au poids, qu'il faut diminuer autant qu'il eſt poſſible.

On pourra toûjours objecter contre l'uſage d'un baromètre de cette eſpéce ce qu'on a objecté en tout tems. Pluſieurs Phyſiciens, entr'autres M. *Déſaguiliers*, regardent un tel baromètre comme tenant trop du thermomètre, à cauſe de l'eſprit-de-vin qui entre dans ſa conſtruction ; mais ces Meſſieurs n'ont pas fait attention que par sa construction même, ce baromètre est tellement une véritable balance hydrostatique, dont les diverses colonnes pesent selon leur hauteur, que le vif-argent céde toûjours en proportion, & s'accommode à mesure que l'esprit-de-vin se dilate par la chaleur, desorte que la dilatation par la chaleur devient absolument nulle, & tout autre changement est insensible, excepté celui du poids variable de l'atmosphére. En effet, versez de l'esprit-de vin dans un baromètre de cette espéce ; ou, ce qui revient au même, tâchez de le dilater par la chaleur, & la vérité de ce que j'avance deviendra sensible ; mais je suppose qu'on a toûjours très-grand soin de faire bouillir préalablement le vif-argent avant de s'en servir, & d'ôter tout l'air entremêlé dans ses parties, afin que de son côté il ne soit pas aussi dilatable par la chaleur, & ne participe pas lui-même à la nature du thermomètre : car dans ce cas il est visible qu'ils se dilateront tous deux, tant le vif-argent d'un côté, que de l'autre l'esprit-de-vin qui fait son contre-poids, & l'instrument subira un changement par l'augmentation de la chaleur, ou de son contraire, le froid : mais c'est alors la faute du constructeur s'il devient thermomètre.

On se sert communément dans cette espéce

de baromètre, pour faire contre-poids aux deux colonnes de vif-argent, de deux liqueurs, à sçavoir, de l'huile de tartre pour la partie inférieure du tuyau serpentin, & de l'huile de pétréole pour la partie supérieure; mais comme, dans un baromètre propre à mesurer les hauteurs, le tuyau qui serpente entre les deux colonnes de vif-argent doit avoir quinze pieds ou environ de longueur, il est à craindre que l'huile de tartre trop pesante ne ralentisse le mouvement, c'est pour cela qu'il sera plus utile de se servir, pour les deux liqueurs, d'huile de pétréole & d'esprit-de-vin, ou même d'eau-de-vie colorée, & en cas qu'on trouve l'huile de pétréole trop analogue en pesanteur spécifique, on peut y mêler une petite quantité d'huile de tartre pour la rendre tant soit peu plus pesante *.

* M. *de l'Or*, Physicien de Paris très-connu, a trouvé, pendant quinze mois d'observations, le baromètre de M. *Huyghens* sans défaut & très-exact, en le comparant journellement avec un baromètre ordinaire très-bon; ainsi ma théorie sur l'usage de cette espèce de baromètre, pour prendre les hauteurs, se trouve déja confirmée par l'expérience. J'ai recommandé dans la construction de ce baromètre l'huile de pétréole comme plus légére que l'huile de tartre; M. *de l'Or* croit avoir remarqué que l'huile de pétréole dissout à la longue & en partie

Je pourrois ajouter ici une courte defcription du baromètre dont je viens de parler, d'un autre baromètre marin que le même Artifte a inventé, & d'un thermomètre plus fenfible d'une nouvelle conftruction, mais j'aime mieux finir par une table démonftrative de ma théorie ; tout cela s'entendra facilement par ce moyen & fans autre fecours.

Du refte fi les Savans de votre pays veulent bien travailler d'après mes vuës, & faire quelques effais fur les montagnes voifines pour les perfectionner, je ferai d'autant plus flatté de leur complaifance, que je fuis trop éloigné des occafions de les pouvoir faire moi-même, & il leur fera aifé de réduire en une pratique très-utile & très-commode une théorie, qui fans cela demeurera affez imparfaite, comme bien d'autres, & de très-peu d'ufage. Je fuis, &c.

NEEDHAM.

le mercure. Il penfe que l'huile de tartre bien clarifiée & l'eau-de-vie colorée font préférables à l'huile de pétréole ; l'expérience en décidera.

Table démonstrative des hauteurs observées en 1752 Théorie

Hauteurs observées.	Hauteur du mercure en lignes.	Hauteur des montagnes en toises, par M. de Needham.
A la mer.	336.	Toises.
A Turin.	328.	101.
A Ivrée.	320.	204.
A la Cité d'Aoste.	312.	311.
A Ammeville, trois milles au nord-ouest d'Aoste.	308.	365.
A Saint Remy.	276.	825.
Au Couvent du grand St. Bernard.	250.	1241.
Rocher au sud-ouest dudit Couvent.	248.	1274.
Mont Sérené, entre Saint Remy & Cor-Mayeur.	247 $\frac{1}{2}$	1283.
Cor Mayeur.	289 $\frac{1}{2}$	624.
A la moitié du chemin de l'allée blanche.	279.	780.
Au sommet de l'allée blanche, au pied de la croix.	249 $\frac{1}{2}$	1249.
Ville des Glacières.	270 $\frac{1}{2}$	910.
Bourg Saint Maurice.	291.	603.
Mine de Pesey.	262.	1044.
Mont Tourné.	225.	1683.
Hôpital du mont Cénis.	314.	284.
Glacière de Ronce, ou Sommet du mont Cénis, au N. E. de l'hôpital.	303.	434.
Mont Pitchintcha au Pérou.	191.	

sur les montagnes des Alpes, & relative à la précédente.

Hauteur des montagnes en toises, selon MM. *Cassini* & *Maraldi*.	Hauteur des mêmes montagnes, selon M. *Bouguer*, prises de la mer.	Les mêmes hauteurs prises du mont Pitchintcha, suivant M. *Bouguer*.
Toises.	Toises.	
86.	101.	
182 -4. pieds.	204.	
290.	311.	
347--4. pieds.	365.	
905.		888.
1483. - - 3.		1304.
1532. - - 4.		1337.
1545.		1346.
649.		687.
845. - - 3.		843.
1495. - - 3.		1312.
1014.		973.
623. - - 3.		666.
1203.		1107.
2246.		1746.
262. - - 1.	284.	
423. - - 3.	434.	
3214.		2430.

Hauteur des montagnes les plus remarquables de la Province de Quito au Pérou, dont les sommets sont couverts de neige, & dont la plûpart ont été, ou sont actuellement des Volcans. Par Messieurs de l'Académie Royale des Sciences, envoyés par le Roi sous l'Equateur.

Un mille Italien est évalué par les Géométres à 764 toises de France.

Toises.

Quito, capitale de la Province de Quito au Pérou	1407.
Cota-Catché, à 33000 toises, au nord de Quito	2570.
Caymbé-Orcou, sous l'Equateur même, à 34000 toises à l'est de Quito.	3030.
Pitchintcha, Volcan en 1539, 1577 & 1660, son sommet oriental	2430.
Antisana, Volcan en 1590	3020.
El-Corason, la plus grande hauteur connue où l'on ait monté	2470.
Sinchoulagoa, Volcan en 1660, communiquant avec Pitchintcha	2560.
Illinica, présumé Volcan	2720.
Koto-Pacsi, Volcan en 1533, 1742 & 1744 . .	2950.
Chimboraso, Volcan ; on ignore l'époque de son éruption	3220.
Cargavi-Raso, Volcan écroulé en 1698. . . .	2450.
Tongouragoa, Volcan en 1641.	2620.
El-Altar, l'une des montagnes appellées *Coillanes*.	2730.
Sangaï, Volcan continuellement enflammé depuis l'année 1728	2680.

F I N.

TABLE GÉNÉRALE

DES MATIERES

CONTENUES DANS LA PREMIERE ET LA SECONDE PARTIE DE CET OUVRAGE.

Le Chiffre romain désigne la Partie, & le Chiffre arabe la page.

A

ADANSON (M.) a découvert l'irritabilité dans la Trem'ella, & un Naturaliste de Florence l'a observée dans les parties les plus exaltées des fleurs. Partie I, page 144.

AIR, il est nécessaire dans les infusions; précautions qu'il faut prendre pour ne pas le corrompre. P. I, p. 217 & suiv. Particules détachées de tous les corps qu'il renferme. p. 123.

ALPES, observations générales de leur hauteur faites par M. *de Needham*. P. II, p. 221 &

suiv. Maniere d'y faire usage du baromètre. 225.

AME, elle s'affoiblit en cédant aux efforts méchaniques du corps. P. I, p. 153. Elle est distinguée des mouvemens nerveux. 211. Elle peut s'élever au-dessus du plaisir purement sensitif, par la comparaison des rapports des deux mouvemens matériels. 212. Elle sent séparément les mouvemens nerveux, & les voit collectivement. 213. Elle n'est pas étendue. 214. Différence qui se trouve entre l'ame de l'homme & celle des bêtes par la science des causes finales & le sentiment des rapports. 215. Exemple tiré des castors, des singes, des abeilles. *Ibid* & suiv.

AME végétative des Anciens, admise avant *Descartes*, est la même chose que la vie végétative, subordonnée à la sensitive. P.I, p. 145. Elle est conforme à l'histoire de la création par *Moyse. Ibid.* A la métaphysique de *Leibnitz.* 146. Les Péripatéticiens la tiroient des puissances de la matiere. 271.

ANGUILLES, ou filets allongés que l'on voit s'agiter, se rouler, se fixer, se dessécher, & revivre. P. I, p. 24 & 25. Celles que donne le bled niellé. 162. Ce sont des êtres purement vitaux, privés de spontanéité. *Ib.* Leurs mouvemens se font par des infléxions continuelles & alternatives, en sens contraire, sans progression. 163. Elles ne paroissent pas se nourrir comme les autres animaux. *Ibid.* M. *de Needham* en a conservé pendant quatre ans entiérement desséchées. *Ibid.* Sçavans qui les ont vûes. *Ibid.* Conservées à sec elles paroissent sans vie, & adhérentes en masse. L'eau les fait revivre autant de fois que l'on veut. *Ibid.* Anguilles d'une infusion de graine de trefle, vûes au microscope. 109 & 110. Expérience faite par M. *de Needham* devant la Société royale de Londres qui prouve qu'elles sont vivipares. 187.

ANIMALCULES spermatiques; ils n'existent pas dans le sperme avant qu'il soit sorti de ses vaisseaux. P. I, p. 196. On ne les voit que lorsqu'il se décompose. *Ibid.* Ils se forment par une vraie végétation vitale qui commence par une distribution de la partie la plus épaisse en forme d'arbrisseau. *Ibid.* Ils se détachent du bout des branches par un mouvement oscillatoire, en forme de globules. *Ibid.* Ce qui forme leur queue. *Ibid.* Leur durée, leur mouvement. *Ibid.* Pourquoi ils descendent ensuite au fond du vase. *Ibid.*

ANIMAUX, pourquoi leurs chairs sont mal-saines lorsqu'ils entrent en chaleur. P. I, p. 204. Leur férocité est plutôt accidentelle & locale qu'essentielle à leur nature, & une suite nécessaire de leur organisation qui se conforme aux circonstances physiques. P. II, p. 138.

ANTIPATHIE présumée entre la matiere électrique & le laurier. P. I, p. 249.

ANTIQUUS DIERUM, explication de ce mot. P. II, p. 66.

ARBUSTE de l'isthme de Panama, dont les branches arrêtent les passans. P. I, p. 243. Explication de la singularité de ce phénomene. 244 & 245.

ARGILE, elle se change naturellement en pierre, & la chaux en verre, mais le verre ne se convertit jamais en chaux. P. II, p. 107. Masses d'argile détachées & durcies à la source du Pô. 126. Différens degrés de consistance dans ces pierres. *Ibid.*

ASIE, elle est le pays le plus ancien du monde. P. II, p. 194. Les isles qui sont entre les Tropiques prouvent qu'elle avoit autrefois une communication avec toutes les parties de la terre ferme en forme de zônes. *Ibid.* Elle a pû être, pendant près de deux mille ans, avant le déluge, le seul continent qui sortoit des eaux. 195.

AUGUSTIN

TABLE.

AUGUSTIN (SAINT) a pensé que le période des six jours devoit être pris dans le sens mystique. P. II, p. 14. Il s'est écarté du sens littéral. 16.

AUTEUR des lettres à un Amériquain, ses objections, & ses erreurs. P. I, p. 112 & suiv.

B

BACON, extraits de cet Auteur concernant l'épigenese & la vitalité matérielle. P. I, p. 220 & suiv.

BAGUETTE divinatoire, maniere de la tenir. P. I, p. 246 Explication de ses phénomenes par la contraction du système musculaire. 247.

BECCARI (M.) a trouvé deux matieres dans la farine de froment, l'une amilacée, & végétale, l'autre gélatineuse & animale. P. I, p. 57. Maniere de les séparer. *Ibid.* Phénomenes que donne leur infusion. 58. La partie gélatineuse rend un sel volatil animal, au lieu d'un sel fixe végétal. 174.

BLED, la structure méchanique des animaux qu'il donne paroît consister dans un amas de globules. P. I, p. 19. L'urine déchire la pellicule qui les enveloppe. 20. Changemens qu'elle opére dans leur organisation. 21. Cou-

Part. II. R

ronne de filets, ou de points allongés qui borde leur circonférence. *Ibid.*

BLED de Turquie, mêlé avec le froment; il donne trois especes d'animaux. P. I, p. 18. Leur marche; fautillement avec lequel ils s'élancent. *Ibid.* Canal ou tube blanc qui s'étend dans toute leur longueur. 19.

BOERHAAVE, fes expériences fur le feu. P. I, p. 121. Sur un morceau de viande enduit d'huile de thérébentine. 123.

BOUGUER (M.); fa lettre à M. *de Needham* fur fa méthode pour trouver la hauteur des montagnes par le moyen du baromètre. P. II, p. 232. Différence de fa méthode d'avec celle de M. *de Needham.* 234.

BOURGUET (M.); fon obfervation fur les avances des montagnes qui fe répondent alternativement. P. II, p. 229.

BUFFON (M. de), ce qu'il penfe du ver fpermatique. P. I, p. 4. Des êtres microfcopiques, de leur forme, de leur queue, de leur mouvement, &c. 28. Réponfe qu'on lui fait. 41 & fuiv. Il a remarqué une puiffance vitale organique dans les animaux fpermatiques. 163. Son fyftême. 166. Ce qu'il penfe de la formation des montagnes & des continens. P. II, p. 83 & fuiv. Ses remarques fur la propoftion qui regne entre les côtes de la mer & fa profondeur. 117. Il veut que les deux continens aient été liés autrefois par des bandes de terre femblables à celles de Jupiter. 147. Ce qu'il dit de l'Unau & de l'Aï, animaux de l'Amérique méridionale, furnommés pareffeux. 148. Raifonnement de M. *de Needham* à ce fujet. 149. Comment il penfe que les animaux & les végétaux y ont été tranfportés. 154. Sa théorie ne fuffit pas pour expliquer par les courans l'égalité des couches concentriques des montagnes & les dépouilles marines que l'on y trouve. 194.

C

CAMOMILLE, les animaux que donne fa graine ont un bec de canard. P. I, p. 15. Singularité de leur mouvement. *Ibid.*

CANARD de Mofcovie paroît avoir de la prévoyance, & n'en a pas. P. I, p. 234.

CASSINI (M. de); fa méthode pour obferver les hauteurs. P. II, p. 239.

CHANGEMENS opérés fur le globe par les torrens, les pluies, les neiges, les tremblemens de terre & d'autres caufes phyfiques. P. II, p. 124 & 125. Leur date n'eft pas fort ancienne. 126. Ils fe font dans les plaines par

R ij

l'addition des couches, le dépérissement des végétaux, les inondations. 127. Preuves tirées de l'enfoncement d'une chauffée romaine dans l'Artois. 128.

CHÉRUBIN de *Moyse*; il peut exprimer d'une maniere hiéroglyphique un volcan qui a pris la place du Paradis terrestre. P. II, p. 203.

CHRYSALIDES, elles ne périssent pas dans un froid qui feroit à 16 dégrés au-dessous du terme de la glace. P. I, p. 33. Ce qu'en raconte *Lister*. 34.

CITROUILLE, animaux que donne sa graine. P. I, p. 15.

COLONNES, ou pavé des Géans en Irlande; ce sont les effets d'un ancien volcan éteint. P. II, p. 161.

CONCHÆ PELAGIÆ, à quelle profondeur elles se trouvent. P. II, p. 118, 119. On en voit auprès d'Asti, dans le Piedmont, à la surface de la terre, 120. C'est l'effet d'une inondation ou d'une éruption subite. 121.

CONCILES généraux, comment la providence les dirige. P. II, p. 7 & 8.

CONTINENS d'Asie, réflexions à ce sujet. 103. Raisonnement tiré de la consommation annuelle des huitres en Angleterre. 104, 105. Ils ne peuvent être détruits par la mer que dans un espace de trois millions d'années. P. II, p. 102.

COQUILLAGES, ils vivent dans l'eau salée, & meurent avec des convulsions quand on jette du sel dessus. P. I, p. 162.

CORAIL qui a des branches molles & gluantes. P. I, p. 240.

COSMOGONIE de *Moyse* examinée par les seuls principes de la Physique. P. II, p. 54 & suiv. Le mot jour doit s'entendre des périodes de tems. 67 & suiv. Suivant *Moyse* la terre fut couverte pendant les deux premiers périodes d'une matiere fluide qui s'est développée en répandant au-dehors la substance lumineuse, & la matiere aërienne, &c. 132.

CORPS organisés, leur prolongation insensible qui doit donner le germe, se fait par une concentration des parties spécifiques qui tendent à un foyer commun, & que dirigent les forces plastiques. P. I, p. 142 & 143.

COURANS, ils sont déterminés & dirigés par l'inégalité du fond du bassin de la mer & par les promontoires. P. II, p. 85. Description de celui de Moschen, ou Mosche-Strom, en Norwége. 85 & suiv. Il y en a qui vont dans toutes les directions possibles. 93. Ils sont produits par le mouvement des marées,

& supposent la préexistence des inégalités du fond de la mer. 99. Ils n'ont pas pû donner aux montagnes les directions déterminées, & la propriété d'agir comme causes physiques pour attirer les nuages, faire jaillir les sources & former les mines. 169. Les montagnes qu'ils forment sont toutes composées de sables légers & de substances marines, sans aucun ordre depuis leur sommet jusqu'à la base. 191. Exemple tiré d'une montagne près d'Aix-la-Chapelle. *Ibid.*

CRÉATION, ses six termes sont autant de périodes d'un tems inconnu. P. II, p. 25.

CUISSON violente, comment elle a opéré sur les plantes & les chairs qui ont ensuite été prolifiques ou n'ont point donné d'animaux. P. I, p. 214, 216. Elle peut affoiblir ou anéantir la force végétative. 217.

D

DÉESSE de Syrie ; ses fêtes célébrées à Hiérapolis en mémoire du déluge. P. II, p. 180.

DÉLUGE, il n'a fallu pour le produire que des eaux souterraines, dont le volume n'excéde pas la trois cent soixantième partie de la capacité du globe. P. II, p. 177. Inutilité d'une force centrifuge qui accélére le mouvement diurne. *Ibid.* Ou de l'approximation d'une cométe, &c. 178. Exemple tiré d'un globe de sept pieds & demi de diamétre, dont vingt-deux pintes suffiront pour inonder sa surface d'une demi-ligne. 179. La chaleur intérieure a pû faire jaillir les eaux en augmentant, & les laisser rentrer en diminuant. 180. Il a produit plus d'effets que n'en admet M. *de Buffon.* Son universalité. 205.

DÉPOUILLES de la mer, elles ne se trouvent pas au-delà de 200 toises de profondeur dans les terres. P. II, p. 118. Il y a des mines de charbon, profondes de 100 toises où l'on n'en trouve aucuns vestiges. *Ibid.* Bouleversement passager & superficiel que cela indique plutôt qu'une action lente des courans. *Ibid.* & suiv.

DESCARTES, son opinion sur les idées innées. P. I, p. 206.

E

EAU, elle dépose une substance pierreuse en la faisant évaporer sur la surface d'un verre poli. P. II, p. 107, 108. La grêle en dépose de même. 108.

EAU chaude, son action sur les graines. P. I, p. 118. Sur les noyaux des fruits. 119. Sur les œufs. *Ibid.*

EAUX chaudes minérales, pourquoi on les trouve plutôt dans les plaines que les volcans & les mines métalliques. P. II, p. 162, 163.

ÉLÉPHANT, il paroît raisonner & ne raisonne pas. P. I, p. 165.

ÉLECTRICITÉ, elle est un mode du feu souterrein exalté. P. II, p. 171. Elle est toûjours proportionnée à la masse. *Ibid.*

ELLIS (M.), ses remarques sur les polypes. P. I, p. 159.

ÉMANATIONS, leurs effets par le moyen du soufre à Fréjus ; dans les isles flottantes près de Rome ; &c. P. II, p. 115. Dans les couches de la matiere appellée *Ostéocolla. Ibid.* Haches de caillou, couteaux que renferme un lit de cette matiere en Angleterre. 116.

ÉPIGÉNÉSE, elle peut seule expliquer les phénomenes opposés à l'hypothese des germes préexistans. P. I, p. 145, 148. Objection contre ce système. 227. Réponse que l'on y fait. *Ibid.* Exemple tiré de l'écrevisse. 228, 229. Elle n'est pas contraire à la religion. 231.

ESPRIT de Dieu, il a dirigé les Ecrivains sacrés d'une maniere qui leur étoit insensible. P. II, p. 6 & 9.

ÉTHYOPIE, singularité de ses pluies, citée par *Boerrhaave.* P. I, p. 124.

TABLE.

ÉTOILE de mer, comment sa plus petite partie donne l'être organique entier. P. I, p. 194. Elle est alors un simple végétal. *Ibid.*

ÉTOILES fixes, elles ont pû exister long-tems avant notre terre & notre soleil. P. II, p. 64. Probabilité de leur préexistence. 65.

ÊTRES microscopiques, ils ont un instinct & des loix. P. I, p. 13. Ligne droite, oblique ou circulaire qu'ils décrivent. *Ibid.* Ils se jettent avec avidité sur certains morceaux de matiere. *Ibid.* Ils se poursuivent, s'arrêtent. *Ibid.* Leur figure, leur transparence, leurs visceres. 14. Les uns ont une figure ronde, les autres sont allongés & nagent comme le serpent. 15. Ils se détournent des obstacles qu'ils rencontrent, & s'évitent entr'eux. 21 & 23. Ils nagent contre le courant de l'eau. 23. Mouvemens qu'on leur voit faire avant que de mourir. 24. Une goutte d'eau les fait revivre. *Ibid.* Preuves de spontanéité de leur mouvement. 25 & 26. Ils soutiennent les rigueurs du froid. 30. Comment la chaleur agit sur eux. 31, 212, 214. Examen de leur queue. 36 & 37. Leur apparition suit toûjours la lenteur ou les progrès de la végétation. 62. La grande chaleur leur est contraire. *Ibid.* Ils ne s'agitent que pour sortir de leur coque. 85.

On voit leurs dépouilles dans les endroits où ils font nés. 86. Ils redeviennent des plantes. 89. Efpeces qui fe fuccédent. 95, 98. Ils naiffent d'un morceau de viande foumis à l'action du feu. 103. Et des chairs crues. 105. Quelquefois le feu les empêche de naître, tant dans les matieres animales que dans les matieres végétales. *Ibid.* & 108. Ce qui arrête leur naiffance dans le vuide. 128. Précautions que l'on doit prendre pour les faire naître dans un volume d'air plus raréfié que l'air extérieur. 129 & 130. M. *Spalanzani* n'en a point vûs dans les infufions des vafes purgés d'air. 132. Leurs mouvemens fe font en ferpentant, ou par des rames qu'ils tirent d'une coquille bivalve tranfparente, par un bec crochu, par des filamens, par des nageoires qui enveloppent leurs corps, ou par la faculté qu'ils ont de fe comprimer & de s'allonger. 160, 161. Il y en a parmi eux qui font des animaux parfaits, produits par un germe, & d'autres qui ne font que des parties organiques des corps qui fe décompofent & fe compofent de nouveau. 162. Tout acide les fait mourir; la falive feule produit cet effet. 162. Il ne faut pas les confondre avec les corps fpermatiques. *Ibid.* Ils naiffent, & fe multiplient à proportion que la matiere végétale se décompose pour rentrer dans ses premiers élémens. 171. Ils ne proviennent pas tous des germes étrangers qui s'y déposent. *Ibid.* Ils ne meurent jamais d'une mort naturelle. 172. Les grands diminuent en se partageant, & les petits se divisent jusqu'à une disparition totale. *Ibid.* Leur apparition se conforme toûjours à la décomposition de la substance infusée. *Ibid.* & 173. Ils viennent par division & quelquefois par une espéce d'accouchement. 178. 178. En quoi ils différent des vers que les mouches déposent sur les chairs. 182. Les plus petits disparoissent toûjours les premiers, aû lieu d'aggrandir leur volume en se nourrissant. 188. Ils ne se changent jamais en chrysalides, ni en moucherons. *Ibid.* On ne doit point leur donner le nom d'animaux. 193. En se divisant ils passent alternativement d'un état de végétation à un état de vitalité parfaite. 195. Leurs filamens en forme de chapelet indiquent toûjours une végétation qui opére intérieurement, & une division prochaine. *Ibid.* Les filamens du froment pilé, ou concassé, sont animés d'un esprit expansif intérieur. 198. Ils se gonflent, ils s'étendent, ils ont, par accès, un mouvement progressif, ils se divisent en petites parties après avoir paru en forme de chapelets. *Ibid.* Ce qu'indiquent les traits noirs qui les traversent diamétralement lorsqu'ils tournent sur eux-mêmes, ou en ligne spirale. 199. Pourquoi les deux moitiés d'un gros globule, qui se divise, prennent à l'instant une figure ronde & se promenent avec plus de vîtesse. *Ibid.* Phénomene des gros globules qui descendent au fond du vase. *Ibid.* & 200. Comment ces êtres vitaux végétent pour en produire d'autres plus petits en volume, & supérieurs par le dégré d'exaltation. 200. Ils sont comme les derniers efforts de la force végétatrice qui s'épuise hors de toute matrice déterminée. 206. Ils ont des loix prescrites à leur force générative, aussi constantes que celles des animaux supérieurs. 206.

Êtres sensitifs, ils ne se multiplient pas par division. P. I, p. 164.

Êtres vitaux, ils peuvent être affectés dans leurs organes sans avoir la spontanéité & le sentiment. P. I, p. 164. En quoi ils différent des animaux parfaits. 150. Leurs actions sont des effets purement méchaniques d'une organisation très-délicate. 151, 152.

F

FEU, son action sur les œufs. P. I, p. 116 & 127. Sur les corps durs. 120. Sur un grain d'or, & cent mille grains d'argent. 121.

FLUX & reflux de la mer ; il n'a pas pû produire les montagnes sur un plan régulier, en supposant un parfait arrondissement du fond de la mer. P. II, p. 95 & 96. Sa direction a dû être en lignes droites vers tous les points du compas. 96. Il n'auroit pas pû arrêter les sables sous aucun méridien à cause de la variation continuelle du point de concours des deux forces contraires qui ne peuvent se rencontrer que vers les pôles. *Ibid.* Il auroit produit des bandes parallèles à l'équateur, semblables à celles de la planéte de Jupiter. 97.

FORCES plastiques, rejettées par quelques Philosophes, admises par MM. *de Buffon* & *de Needham*. P. I, p. 2 & 3.

FORCE végétative intérieure, elle agit en tout tems sur chaque point de la matiere. P. I, p. 4. Il suffit, pour l'apparition des êtres microscopiques, de l'exciter, sans lui laisser prendre la route de la végétation ordinaire, pour la rappeller ensuite à la végétation vitale. 175. Moyens qu'il faut employer pour cela. *Ibid.* & 176.

Force expansive. Différens dégrés de résistance qu'y apportent les plaines, les montagnes, les volcans & la gravitation. P. I, p. 164. Profondeur de son foyer démontrée par le mont Vésuve. 163. Et par les isles qui étoient autrefois des volcans. 166. Montagnes, isles qu'elle a produites, villes qu'elle a renversées. 167. Elle agit moins aujourd'hui parce que la masse de la terre est moins ductile & moins homogéne par son état de demi-pétrification. 168. Profondeur du foyer de son explosion dans le tremblement de Lisbonne. 170.

Fossiles différens trouvés à certaines profondeurs dans le Comté de Barkshire en Angleterre. P. II, p. 122, 123.

Freret (M.); examen des Apologistes de la religion chrétienne qu'on lui attribue. P. II, p. 45 & 46.

Fungi, ils sont presque tous percés par des mouches qui y déposent leurs œufs. P. I, p. 252. Ces plantes peuvent se former de la substance des animaux morts. 257. Elles donnent un sel alkali volatil qui les rapproche des animaux. 258.

G

GERME; sa formation est probablement instantanée au moment de la conception. 219 & 220.

GERMES préexistans, faits cités en leur faveur par MM. *Haller* & *Bonnet*. P. I, p. 219. Les germes ne circulent point dans la sève des plantes, ou dans les vaisseaux des animaux. P. I, p. 183. Il n'y a point de germes préexistans qui se déposent dans les substances organiques corrompues. 197.

GLOBULES microscopiques, ce sont des germes qui servent à la multiplication de l'espece. P. I, p. 161.

GRAINES, celles que l'on a broyées donnent des animaux différens de celles qui ne l'ont pas été. P. I, p. 55 & suiv. Leur suc exalté, & exprimé les fait paroître promptement. 60. Duvet que l'on apperçoit sur la racine de celles que l'on a semées en terre. 70, 71. Figure & direction de leurs rameaux. *Ibid.* & suiv. Vapeur que l'on y distingue. 71. Petits corps ou animaux immobiles qu'elles produisent. 72. Mouvement de ces petites masses. 73. Animaux qui en sortent. *Ibid.* Mouvement de leurs filamens. 87. Il est l'effet d'un principe interne. 88. Leur paſſage du regne végétal dans le regne animal. *Ibid*. Leurs infuſions ſoumiſes à l'action du feu. 118. Purgées d'air. 125, 127. Pourquoi celles qui n'ont pas été broyées fourniſſent des êtres vitaux plus grands que celles qui ont été broyées. 178. Pourquoi ceux que donnent les graines broyées diſparoiſſent de l'infuſion plutôt que les autres. *Ibid*. Lorſque leur principe de vitalité eſt interrompu par le broyement pendant l'infuſion, il ne reſte plus qu'une maſſe morte en apparence qui ne fournit aucun être vivant. 179. Leur ſuc laiteux eſt aſſez exalté pour ſe volatiliſer en corps organiques. 185. Maniere dont M. *de Needham* s'y prend pour les empêcher de germer. *Ibid*. Ce qui leur arrive lorſqu'elles ſont dégagées de toute matiere étrangère. 186. Il ſuffit de les faire bouillir pendant quelques minutes pour détruire les germes. 202.

GRAISSE de veau, ce qu'elle produit. P. I, p. 89. Les petits morceaux que l'on y voit ſont la demeure des animaux de l'infuſion. 91.

GRAVITATION, elle augmente depuis l'équateur juſqu'aux pôles où les chocs s'arrêtent. P. II, p. 164.

GUÊPE, ſa tête ſéparée du corps exerce ſes fonctions

tions naturelles. P. I, p. 171. Son aiguillon s'élance de même. *Ibid.*

GUETTARD (M.) a trouvé sur une plante du genre des espargoutes de petits corps parsemés & liés ensemble. P. I, p. 272. Ces corps jettent des ramifications vitales chargées de globules. *Ibid.* M. *Guettard* attribue leur vitalité à des causes extérieures & à des raisons méchaniques. *Ibid.*

H

HABITUDES, elles tiennent à la méchanique du corps, & ne diffèrent point de l'organisation physique & vitale. P. I, p. 153.

HALLER (M.), ce qu'il dit du système de la génération de MM. *de Buffon & de Needham*. P. I, p. 141. Principe d'irritabilité, différent du principe de sensation qu'il établit dans les corps organisés. 143 & 271. Elle est un mode de la vitalité. 272. Il a vû le systole & le diastole dans les cœurs détachés des vipères, des hérissons & d'autres animaux. 144.

HARDOUIN (le P.) fait les Moines du neuvième siècle Auteurs des ouvrages de Virgile & d'Horace, &c. P. II, p. 46.

HARICOTS blancs, figure des animaux que donne

Part. II. S

leur infusion. P. I, p. 40. Particularité de leur mouvement. 41.

Hommes d'une taille médiocre ; pourquoi ils font plus forts que ceux d'une taille démefurée. P. I, p. 204.

Huitres, elles ont des extrêmités filamenteufes vitales, que la végétation détache, qui ferpentent dans l'eau avec une force progreffive, & que l'on prend pour des animaux microfcopiques. P. I, p. 200 & 201.

Hume (M.), ce qu'il dit des miracles. P. II, p. 40.

Hydrophories ou fêtes du déluge à Athenes. P. II, p. 180.

I

Idées caufales & objectives, elles font des mouvemens produits par les objets extérieurs dans les nerfs & les efprits animaux. P. II, p. 210. Comment les mouvemens repréfentatifs de cette action produifent d'autres effets en agiffant fur le principe fenfitif & intuitif. *Ibid.*

Indiens, bafe qu'ils donnent à la terre. P. II, p. 51.

Infusions faites avec différentes graines, globules, filamens de la végétation, ramifications bien formées que l'on y apperçoit. P. I,

p. 6 & 7. Mouvement qui leur est propre. *Ibid.* Il est l'effet d'une force intérieure végétative. *Ibid.* Description de la figure, de l'instinct, & des loix que suivent ces corps. 11 & suiv.

INTELLECT, il doit être distingué de la sensation substantielle. P. II, p. 3. Sa chaine ne commence pas dans l'homme & ne finit pas dans lui. 5.

INSTINCT, ce qui le constitue. P. I, p. 254.

ITALIE, elle est probablement minée, ainsi que la Sicile, p. II, p. 62.

JUIFS, pourquoi ils comptent leurs jours du couché du soleil. P. II, p. 25.

JUSSIEU (M. Bernard de); les essais qu'il a faits sur les étoiles de mer étoient déja connus des pècheurs de Normandie. P. I, p. 248.

L

LANCASTER (le Capitaine) a découvert dans l'isle de Sombrero une plante qu'il dit s'enfoncer en terre quand on la touche, & dont la racine est un ver, &c. P. I, p. 239. Ce que devient cette plante quand on l'arrache. 240. Elle est de l'espéce des coraux. *Ibid.* Elle ne forme qu'un seul corps organique. 241.

LAPPONS, Esquimaux, pourquoi ils sont plus

petits que les hommes plus éloignés du pôle. P. I, p. 204.

LEWENHOECK. Ses obfervations fur les extrêmités filamenteufes des huitres. P. I, p. 201.

LOCK renverfe le fyftême de *Defcartes* fur les idées. P. I, p. 206. Il eft regardé mal-à-propos comme Déifte. 225.

LUNE, hauteur de fes montagnes, & leurs pointes lumineufes fur les bords du croiffant. P. II, p. 129, 130. Marées & phénomenes que l'on devroit y appercevoir, fuivant l'hypothéfe de la grande antiquité de la terre. *Ibid.* Elle n'a ni nuages, ni marées, ni courans qui produifent fes montagnes. 131. Elle n'a pas le mouvement journalier de notre globe fur fon axe. 193.

LUTÉCE, ce qu'en difent Céfar. P. II, p. 111, & Julien l'Apoftat. 112. Carrieres, matieres calcaires & talqueufes, montagnes de fable que l'on trouve dans les environs de cette ville. 113. Caillou fingulier qui y a été trouvé. 114. Ces matieres fe forment par une cryftallifation à froid fans le fecours du feu. *Ibid.* Conféquences que l'on en tire pour toute la fuperficie du globe. 116.

LYNNÆUS, ce qu'il falloit au commencement, fuivant lui, pour remplir la terre d'êtres vivans. P. II, p. 133. Conséquences de son système. 140 & suiv. Il prétend que la terre s'augmente aux dépens de la mer. 142. Son calcul sur la fertilité des plantes. 144. Probabilité de son hypothése. *Ibid.* Objections contre son système, tirées des espéces d'animaux qui ne se trouvent pas dans l'ancien continent. 146.

M

MAGISTERE qui purifie la matiere, la rectifie, convertit ses parties les plus déliées en une substance séminale, & lui donne la faculté d'en produire de semblables dans son espéce. P. I, p. 5 & suiv.

MATIERE, il y a une matiere très-atténuée, exaltée, éthérée, électrique & élastique qui pénétre substantiellement la masse, & donne le branle à la matiere brute & résistante. P. I, p. 143. Ce qu'elle renferme dans son idée. 150. Opinion folle sur son éternité. P. II, p. 48 & suiv. Inconvéniens qui en résultent. 50.

MATIERE électrique, elle remplit & pervade librement toute la masse de la terre, elle existoit avant le soleil. P. II, p. 159. Les chaînes des montagnes, les continens mêmes ne sont que des gonflemens opérés par ce feu souterrein qui agit comme cause expansive. 160.

Matiere animale, elle se décompose plutôt que la matiere végétale. P. I, p. 180. Pourquoi elle donne un grand nombre d'êtres vitaux. 181. Ses sels, ses soufres, ses huiles ont plus de légereté que les sels fixes des végétaux. *Ibid.*

Millet que les Marchands mettent dans la clavaria des mouches végétantes. P. I, p. 253.

Monde microscopique, il peut servir à prouver, ainsi que les insectes, l'existence d'une matiere vitale organifique, qui est au-dessus de la vie sensitive. P. I, p. 160.

Montagnes, elles ne sont que la trente-huit millième partie de la solidité de la terre. P. II, p. 78. Elles ont été ensévelies autrefois sous les eaux de la mer avec les continens. 83. Leur disposition réguliére par des chaînes dirigées vers les quatre points cardinaux du ciel, & qui passent par le bassin de la mer. *Ibid.* Elles ont été produites sous les eaux sur un plan régulier. 98. Leur élévation dépend de l'action compliquée des vents, des courans, & de la gravitation universelle réciproque. 100. Elles sont l'effet d'une force expansive intérieure, modifiée par la gravitation, & d'un feu central qui se répand jusqu'à la superficie. 131. Les courans n'en sont que les causes secondaires. 132. Celles des Cordelieres, le mont Vésuve, les Apennins, les montagnes d'Auvergne sont, ou ont été des volcans. 160, 161. Estimation des matieres qui sont sorties du Vésuve, suivant le Pere *La Torré*. 162. On les compare aux excroissances du corps des animaux qui sont produites par une force végétative intérieure. 170. Les plus hautes sont à la terre ce que sont à un globe de sept pieds & demi de diamétre des élévations d'une demi-ligne. 175, 177. Celles de la lune ont été produites sur un plan différent. 192. Les empreintes régulieres des poissons & des herbes marines que nous voyons sur les nôtres, &c. marquent leur état primitif de fluidité, & leurs ruptures par les efforts de la force expansive. 193. Celle de Chimboraso au Pérou, élevée de 3000 toises, comparée avec le diamétre de la terre, a une toise pour chaque lieue. 227. Celles de l'Afrique & de l'Asie sont plus hautes que celles de l'Europe. 228. Elles décrivent deux lignes qui se coupent presque à angles droits, & qui sont, en quelque façon, paralléles à l'équateur & au méridien. 229. Celle du mont Cénis est comme le premier dégré d'élévation

S iv

à mesure que l'on avance dans la chaîne. 230.

MONSTRES, comment on peut les expliquer dans le système de l'épigenèse. P. I, p. 205.

MOUCHE végétante des Caraibes. P. I, p. 249. Elle s'enfonce en terre au mois de Mai. 250. Elle y végéte. *Ibid.* Arbrisseau qui en provient. *Ibid.* Explication qu'en donne M. *Hill.* 251. Nom qu'on lui donne dans le *Musæum* de Londres. *Ibid.* Sa figure & celle d'une autre dont la clavaria est plus avancée. 252. Hypothéses qui servent à expliquer la formation de cet arbrisseau, ses gousses, les vers qui s'y forment, & leur métamorphose en mouches. 253 & 254. Pourquoi la clavaria s'attache-t-elle toûjours à cette nymphe? 257. Ce sont des cigales. 262. Dissection anatomique qu'en ont faite MM. *de Needham* & *Adanson*. 263. Et de la clavaria. *Ibid.* & 264. Preuves que la matiere organique y a végété sous de nouvelles formes. 264 & 265.

MOYSE; sa chronologie est moins celle de la terre que celle du genre humain. P. II, p. 58. Comment on peut l'étendre au-delà du terme ordinaire sans blesser la religion. *Ibid.* & suiv. Ses jours sont des périodes que l'on peut étendre à plusieurs années. 61. Ce qu'il a observé dans le tableau de la création. *Ib.*

& fuiv. Pourquoi il diftingue la lumiere, du corps du foleil. 62.

MUNCHAUSEN (le Baron de); comment il a vû le paffage du végétal au vital, & le retour du vital au végétal. P. I, p. 236 & 237. Ses expériences font conformes à celles de MM. *Tremblay, Juffieu, Peyfonel, Ellis.* 238.

N

NATURE, comment on peut la confidérer en général relativement à Dieu. P. II, p. 205 & fuiv.

NEEDHAM (M. de); fon fyftême fur les êtres microfcopiques. P. I, p. 5 & fuiv. Examen de ce fyftême. 45, 67 & fuiv. Expériences faites à ce fujet. 55. Ce qu'il entend par végétation. 62. Ramifications qu'il a vûes dans l'infufion des grains d'orge. 68. Comment il les a préfentées au microfcope. *Ibid.* Son fyftême fur la génération. 166. Textes de l'Ecriture qui confirment fa théorie de la terre. 182 Sa Lettre aux Editeurs du Journal Littéraire de Berne. 231.

NEWTON a trouvé que les folides augmentent par-tout aux dépens des fluides. P. II, p. 108. Application de cette découverte à notre terre. *Ibid.*

O

ŒUFS répandus dans l'air, mêlés dans les vases qui renferment les infusions des plantes, ou dans l'eau ; comment on peut les détruire. P. I, p. 131 & 132. Précautions que l'on doit prendre en faisant cette expérience. *Ibid.* Un bouchon de liége peut ouvrir aux œufs répandus dans l'air un passage dans les vases. 133. Il faut sceller hermétiquement les vases. 134. On peut y adapter le baromètre. 135.

OISEAUX, ils n'ont pas été créés carnivores. P. II, p. 199. Locustes dont ils se nourrissent aux Indes orientales. 200.

OVIPARES ; objections des partisans de ce système. P. I, p. 84 & suiv.

P

PASSEMANT (M.). Son baromètre pour observer les hauteurs. P. II, p. 246. Objections de M. *Desaguliers* à l'occasion de l'usage que l'on y fait de l'esprit-de-vin. *Ibid.*

PASSIONS ; elles sont les effets immédiats du choc physique des objets extérieurs sur nos organes, ou d'une idée représentative qui allume le sang en irritant le système vital. P. I, p. 152, 153.

PATIENCE, forme ovale & allongée des animaux qu'elle donne. P. I, p. 17. Leur mouvement. *Ibid.*

PÉRIODES. Ordre dans lequel les chofes ont pû être produites fuivant les différens périodes. P. II, p. 187 & fuiv. Leur durée dépend des différentes piéces dont les élémens prolifiques & leurs produits font compofés. 189. Conformité de cet ordre avec la nature. 190.

PÉTRIFICATION, elle fe fait plus promptement dans la mer & dans la terre que la diffolution. P. II, p. 108. Exemple tiré de la médaille de *Probus*. 109. Et d'une parure militaire des Romains. *Ibid.* Il n'y a pas de diffolvant affez puiffant pour les réfoudre à mefure. 110.

PISON (Guillaume). Defcription curieufe qu'il fait du *Louva Deos*, ou *Prèque Dieu* du Bréfil. P. I, p. 259. Ce phénomene eft confirmé par le P. *Bluteau. Ibid.* & 260.

PLANTE-VER, nommé à la Chine *Hia tfao tom tchom*; defcription qu'en fait M. *de Réaumur*. P. I, p. 254. Chenille qui attache fa queue au bout de la racine de cette plante. 255. Difficulté de connoître où la plante finit & où l'animal commence. *Ibid.* Examen que l'on doit faire de ce phénomene. 256.

PLANTES, comment il faut confidérer leur force végétante ou expanfive dans les infufions. P. I, p. 173.

POIS chiches, phénomene fingulier que donne leur infufion. P. I, p. 38 & 39. Animaux que donnent leurs racines & leur germe. 60.

POLYPES, il faut les regarder comme des êtres purement vitaux, ainfi que les coraux, les madrépores, les aftroites, les vers de terre, les étoiles de mer, &c. P. I, p. 155. Plufieurs ne font, avant leur féparation, que des parties du même corps organifé. 149. Leurs têtes fe contractent toutes à l'attouchement d'une feule, ou au mouvement de l'eau. 159. Leurs ramifications font autant de générations unies à la même fouche. 160. La nourriture que prend un feul polype fert pour lui & pour toute la famille. 160. Ils fe multiplient autant par la végétation que par les germes. 161. Defcription d'un polype d'eau douce en forme d'arbriffeau, découvert à Bruxelles. 268 & 269. Il n'eft qu'un feul corps organifé, comme les zoophytes, qui font moitié vitaux, moitié végétaux. 270.

POLYPIER marin qui prend, en fe defféchant, la dureté de la corne, vû par M. *Adanfon*. P. I, p. 241.

POLYPIER d'eau douce qui prend la forme d'un arbrisseau. P. I, p. 191.

PRINCIPES, il y en a deux, l'un sensitif, l'autre vital, dont l'union est inutile aux êtres microscopiques. P. I, p. 154.

PRODUCTIONS marines, elles appartiennent autant au regne végétal qu'au regne animal. P. I, p. 157. Elles ne sont point l'ouvrage ou la simple demeure des polypes, comme la coquille n'est pas l'ouvrage du poisson qu'elle contient, ou l'écorce celui de l'arbre qu'elle enveloppe, mais leurs produits. 158. C'est improprement qu'on leur donne le nom de polypiers. *Ibid.* Il faut les regarder comme un seul corps organisé à plusieurs têtes, en forme de fleurs animées. *Ibid.*

PUISSANCE de la matiere, est selon M. *de Needham*, une vitalité dénuée de toute sensation, & un composé matériel de la force résistante & de la force expansive qui lui ont été données par la Divinité. P. I, p. 142.

PUISSANCE végétative; les animalcules spermatiques prouvent qu'elle existe dans la matiere exaltée. P. I, p. 197 & 198. Elle a des alternatives d'action & de repos. 198 & 200. Elle purifie les parties exaltées & les détache de la matiere brute sous la forme d'êtres vitaux.

199. Elle varie suivant la matiere qu'elle informe. 200. Elle engendre les êtres vivans dans les matieres végétales ou animales infusées. 201, 202. On doit lui attribuer les corps vitaux que l'on voit fur les pustules, & dans les éruptions qu'occafionnent certaines maladies. 202. Elle n'autorife pas le fystême de la génération équivoque. 203. Elle s'étend comme une propriété naturelle à toutes les formes fous lefquelles elle exifte. 203. Elle agit dans nous, indépendamment de nous-mêmes, pendant que nous veillons & pendant le fommeil, en décompofant la matiere nutritive par une exaltation continuelle, & fe répand au-dehors. *Ib.* Elle fert à produire, felon les proportions entre la force expanfive & la force réfiftante, les différens tempéramens, les paffions, les appétits, les idiofyncrafes, &c. 204. Comment elle peut fe porter à former un germe parfait par une efpéce de prolongation des parties les plus fubtiles, ou une concentration inftantanée, fous la forme d'un feu électrique. *Ibid.* & 205. Elle fert à expliquer la reffemblance entre les peres & les enfans, les maladies héréditaires, les monftres. *Ibid.* Elle ne s'écarte jamais de la même maniere d'opérer dans les infufions fuivant la

nature de la substance macérée. 206. Elle ne détruit point les principes de la morale. 207. Comparée à la force projectile, & au feu d'un artifice. 229. Détail de ses effets. 222.

PUTRÉFACTION, comment elle contribue à la naissance des insectes. P. I, p. 64 & suiv.

Q

QUAKER. Réponse d'un Quaker à un petit maître. P. II, p. 52.

R

RABELAIS; sa chimere. P. II, p. 37.
Roos (M. Charles). Extrait des découvertes qu'il a faites à Upsal sur le monde invisible. P. I, p. 235. Ce qu'il dit des coraux, des corolloïdes, des madrépores, & d'autres zoophytes. 236.

S

SABLES, ils sont vitrifiés par l'action du feu, ou cryſtallisés par le froid. P. I, p. 77.
SANG nouvellement sorti du corps de l'animal, agité avec un faisceau de branches se réduit en masse gélatineuse qui donne sur le champ des êtres vitaux microscopiques. P. I, p. 225 & 226.

SAUNDERSON. Mauvais raisonnement qu'on lui attribue sur l'existence de l'univers. P. II, p. 32. Hypothése de laquelle on tire son argument en faveur de l'athéisme. 34. Examen de son raisonnement. 35 & suiv.

SAUSURE (M. de) a découvert que les êtres microscopiques se partagent continuellement. P. I, p. 172. Singularité d'un être microscopique qu'il a observé. 230.

SCOT, quoique Novateur, n'a jamais été accusé d'hérésie. P. II, p. 13.

SEMAINE Judaïque, elle est une image des six périodes de la création. P. II, p. 25.

SENSATION, elle différe de l'intelligence. P. I, p. 235.

SIGORNE (M. l'Abbé); son précis de la monadologie. P. I, p. 147, 148.

SOLFATARA, bassin à Pozzuolo près de Naples, a des vapeurs d'une subtilité singulière. P. II, p. 163. Comment on les arrête. *Ibid.*

SOMNAMBULES, ils agissent pendant la nuit avec une économie parfaite par la seule force méchanique des habitudes physiques. P. I, p. 154, 155.

SPALANZANI (M. l'Abbé) a fait des expériences sur le ver de terre dont il a coupé la tête & la partie postérieure, sur le ver à bateau, sur

sur les limaçons, les limaces, la salamandre, & les têtards qu'il a mutilés de même, & toutes ces parties se sont réproduites. Explication que donne M. *de Needham* de chacun de ces phénomenes par le système de l'épigenese. P. II, p. 175 & suiv.

Spontanéité, elle est une habitude de vie, dirigée par des connoissances qui partent d'un principe sensitif & supérieur à la matiere. P. I, p. 62. Son défaut n'exclut pas le principe organique intérieur de mouvement purement matériel, ou de vitalité. *Ibid.*

Systêmes de *Burnet*, de *Whiston*, de *Woodward* & de *Telliamed*. P. II, p. 174.

T

Tamise, son eau se corrompt & se purifie jusqu'à sept fois par la végétation des substances organiques, & leur atténuation jusqu'aux premiers principes. P. I, p. 172.

Table démonstrative des hauteurs d'une partie des Alpes, observées en 1752. P. II, p. 250 & 251. Et de celle de la Province de Quito au Pérou. 252.

Terre représentée par les Anciens sous l'emblême d'un œuf. P. II, p. 56. On lui donne

Part. II. T

une antiquité beaucoup plus reculée que celle que lui aſſignent la plûpart des Théologiens. 58. Obſervations phyſiques ſur ſon âge, tirées de la diſpoſition des couches de ſa ſuperficie, de l'enchaînement des montagnes, &c. 80 & 81. De l'enfoncement des corps terreſtres, du dérangement des couches, &c. 81. Elle n'a pas été créée liſſe & unie, mais hériſſée de montagnes ſur un plan régulier. 98. Elle étoit beaucoup plus féconde & moins étendue avant le déluge qu'après. 139. Paſſages de l'Ecriture d'après leſquels on peut connoître la forme qu'elle avoit autrefois. 145. Elle eſt comme une eſpéce de globe vital, & organiſée à ſa façon par l'action des cauſes intérieures. 169. Idées ſur ſa théorie, tirées de *Salomon*. 172. Et d'*Héſiode*. 173. L'antédiluvienne n'a pas dû être auſſi étendue que la nôtre pour fournir à la nourriture de ſes habitans, à cauſe de leur frugalité. 196. Exemple tiré des Chinois & de ceux qui vivent entre les Tropiques. 197. Son anéantiſſement ne produiroit pas un changement ſenſible dans le ſyſtême ſolaire. 59. Erreur de *Pope* & de *Bolinbroke* à ce ſujet. *Ibid.*

TOURNEFORT (M.) a trouvé ſur le mont Ararat en Aſie, & par dégrés, les plantes uſuelles de l'Arménie, de la France, de la Suéde, & de la Laponie. P. II, p. 143.

TREMBLAY (M.) a vû de petits polypiers en forme d'arbrisseaux. P. I, p. 152. Et des filets en forme d'anguilles, conservés depuis quatre ans dans un grain de bled niellé. 163.

TREMELLA, zoophyte qui lie ensemble les deux regnes, l'animal & le végétal. P. I, p. 208 & 209. Nom que lui donne *Dillen*. 209. Description qu'en fait M. *Adanson. Ibid.* & suiv.

V

VALISNIERI (M.), à quoi il attribue les anguilles du vinaigre. P. I, p. 85. Prévoyance qu'il a observée dans les insectes pour placer leurs œufs. 117. Il suppose gratuitement que les anguilles du vinaigre se métamorphosent en moucherons. 187.

VASES des infusions, il est assez indifférent de les tenir ouverts ou fermés. P. I, p. 215. Dans ceux qui sont scellés hermétiquement, il est nécessaire de maintenir une certaine quantité d'air pur, suivant celle du fluide & de la substance macérée. 206.

VÉGÉTAUX, ils servoient autrefois de nourriture aux hommes & aux animaux qui sont aujourd'hui carnivores. P. II, p. 155. Observation à ce sujet sur les renards des environs de Genêve. 137. Ils donnent, en se décomposant, les mêmes principes chymiques par la séparation naturelle de la partie gélatineuse & vitale. 182. C'est la proportion de ces principes qui forme les différens tempéramens & la chaîne de vitalité. *Ibid.* Dans quel sens MM. *de Buffon* & *de Needham* ont dit que les végétaux exaltés se vitalisent. 190. Ils laissent en arrière une matiere brute & sans vie, quoiqu'organique. 191.

VER spermatique. P. I, p. 4. Mis en paralléle avec ceux que donnent les infusions. 29 & suiv.

VERS aquatiques trouvés dans l'eau au bas des Apennins de Rhege. P. I, p. 35.

VERS blancs dans une infusion de fèves. P. I, p. 80 & suiv. Ils se changent en chrysalides. 81. Leur couleur. 82. Moucherons qui leur succédent. *Ibid.*

VERS à soie, l'eau bouillante & l'action du soleil font mourir leurs œufs. P. I, p. 212.

VIGILE, dans quel sens le Pape *Zacharie* a condamné son opinion sur les antipodes. P. II, p. 12.

VISION moyenne des gens qui apperçoivent les objets sans distinguer les couleurs. P. I, p. 33.

Elles ne voyent les couleurs qu'en masse. 34.

Vital, il est matériel & se répare par la force végétative; le sensitif est simple & ne se répare pas. P. I, p. 156. Preuve de cette opinion. *Ibid.* & suiv.

Vitalité, elle est subordonnée à la vie sensitive. P. I, p. 144. Elle monte à mesure que la matiere s'exalte vers le principe sensitif, & descend avec des nuances vers la matiere morte ou résistante. 182. Elle n'est jamais sensitive. 272. Elle sert à unir les plantes avec les corps organisés vitaux. *Ibid.* & 273.

Univers, tout y est action & réaction. P. II, p. 17, 18 & 19. Il y auroit une stagnation totale s'il devenoit substantiellement similaire. 18.

Voies belliniennes, ce que c'est. P. I, p. 122.

Wartel (M.), ses expériences sur les limaçons. P. II, p. 287 & suiv.

Z

Zoophytes, ou filamens vitaux. P. I, p. 176. Ils touchent également aux animaux & aux végétaux sans être ni l'un ni l'autre. 193.

Fin de la Table.

ERRATA.

Part. II, pag. 16. Je suis bien assuré de ne mériter aucun reproche du côté du sens moral de l'Ecriture qui n'a guere jamais besoin, &c. *Lisez*, je suis bien assuré de ne mériter aucun reproche. Du côté du sens moral l'Ecriture n'a jamais guere besoin d'explication, &c.

Pag. 19, lig. 13. Comme elle sortit, *lis*. comme elle est sortie.

Pag. 36, lig. 13. Sur une quantité infinie de matiere, *lis*. sur une quantité finie de matiere.

Pag. 41, lig. 8. Gestionnez, *lis*. questionnez.

Pag. 43, lig. 25. Imprudemment, *lis*. impudemment.

Pag. 51, lig. 8. Résistence, *lis*. résistance.

Pag. 58, lig. 3. Antiquité plus reculée, *lis*. antiquité beaucoup plus reculée.

Pag. 88, lig. 6. S'errête, *lis*. s'arrête.

Pag. 108, lig. 25. Dans des mémoires, *lis*. dans les mémoires.

Pag. 111, lig. 7. *De viro immortali*, lis. *viro immortali*.

Pag. 141, lig. 15. Enfoncées, *lis*. enfermées.

Pag. 152, lig. 21. Les Philosophes, *lis*. ces Philosophes.

Pag. 164, lig. 26. Et des deux vers la ligne, *lis*. des deux poles vers la ligne.

Pag. 175, lig. 2. Et les mers avec leurs isles, & parmi lesquelles, *lis*. & les mers avec leurs isles parmi lesquelles.

Ibid, lig. 5. & qui se perd, *lis*. & qu'il se perd.

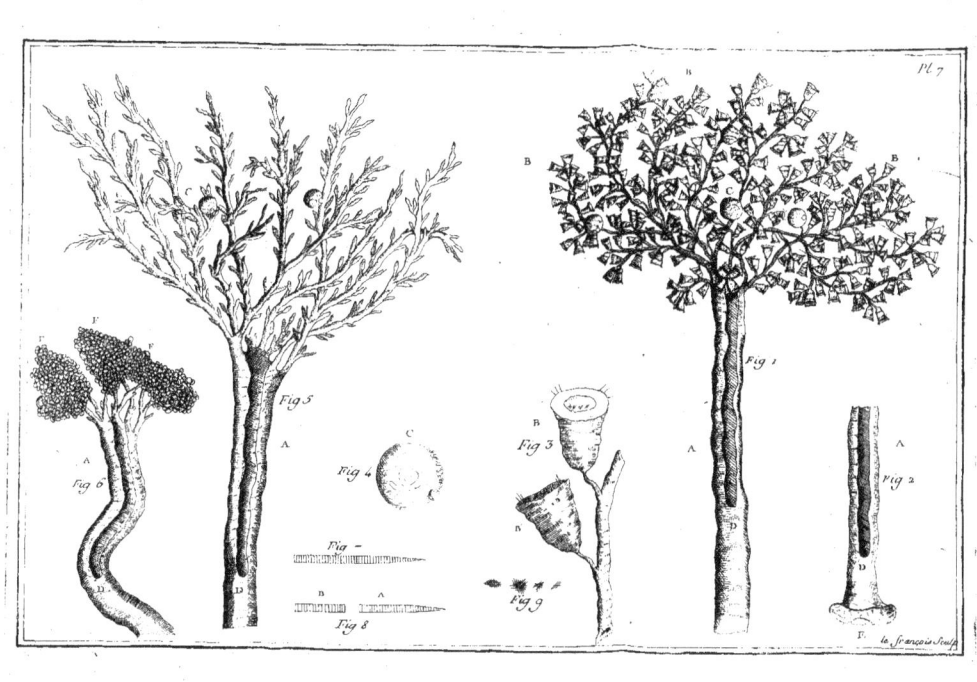

Pl. 8.

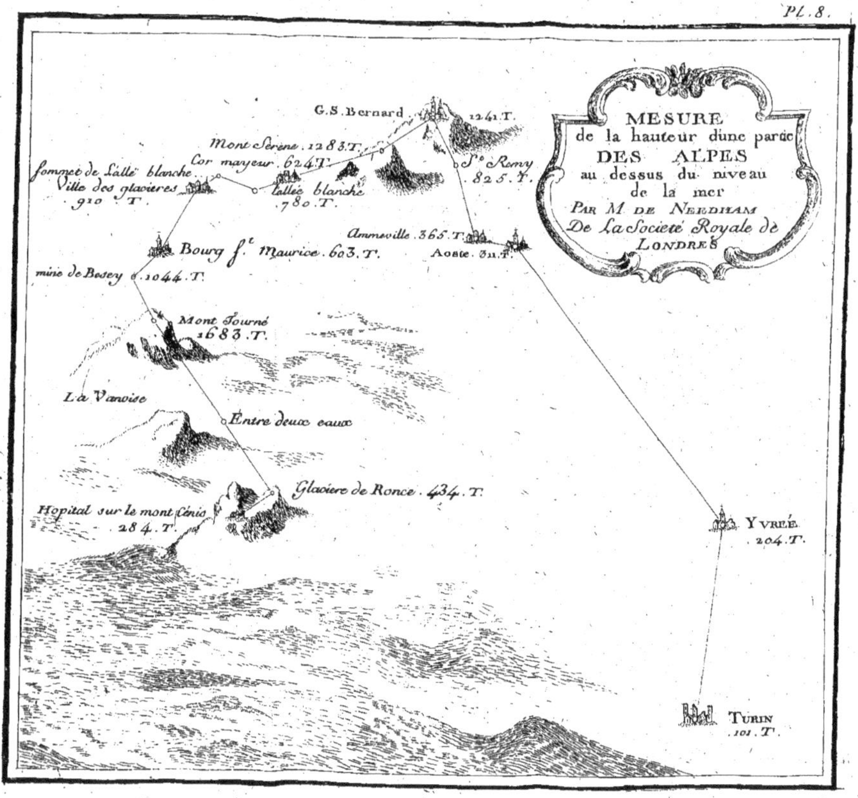

MESURE
de la hauteur d'une partie
DES ALPES
au dessus du niveau
de la mer
Par M. DE NEEDHAM
De la Société Royale de
LONDRES

G. S. Bernard. 1241. T.
Mont Serène. 1283. T.
Cor mayeur. 624. T.
S.t Remy. 825. T.
Sommet de l'allée blanche
Ville des glacieres. 910. T.
Allée blanche. 780. T.
Ammeville. 365. T.
Aoste. 311. T.
Bourg S.t Maurice. 603. T.
mine de Besey. 1044. T.
Mont Tourné. 1683. T.
La Vanoise
Entre deux eaux
Glacière de Ronce. 434. T.
Hôpital sur le mont Cénis. 284. T.
Yvrée. 204. T.
TURIN. 101. T.

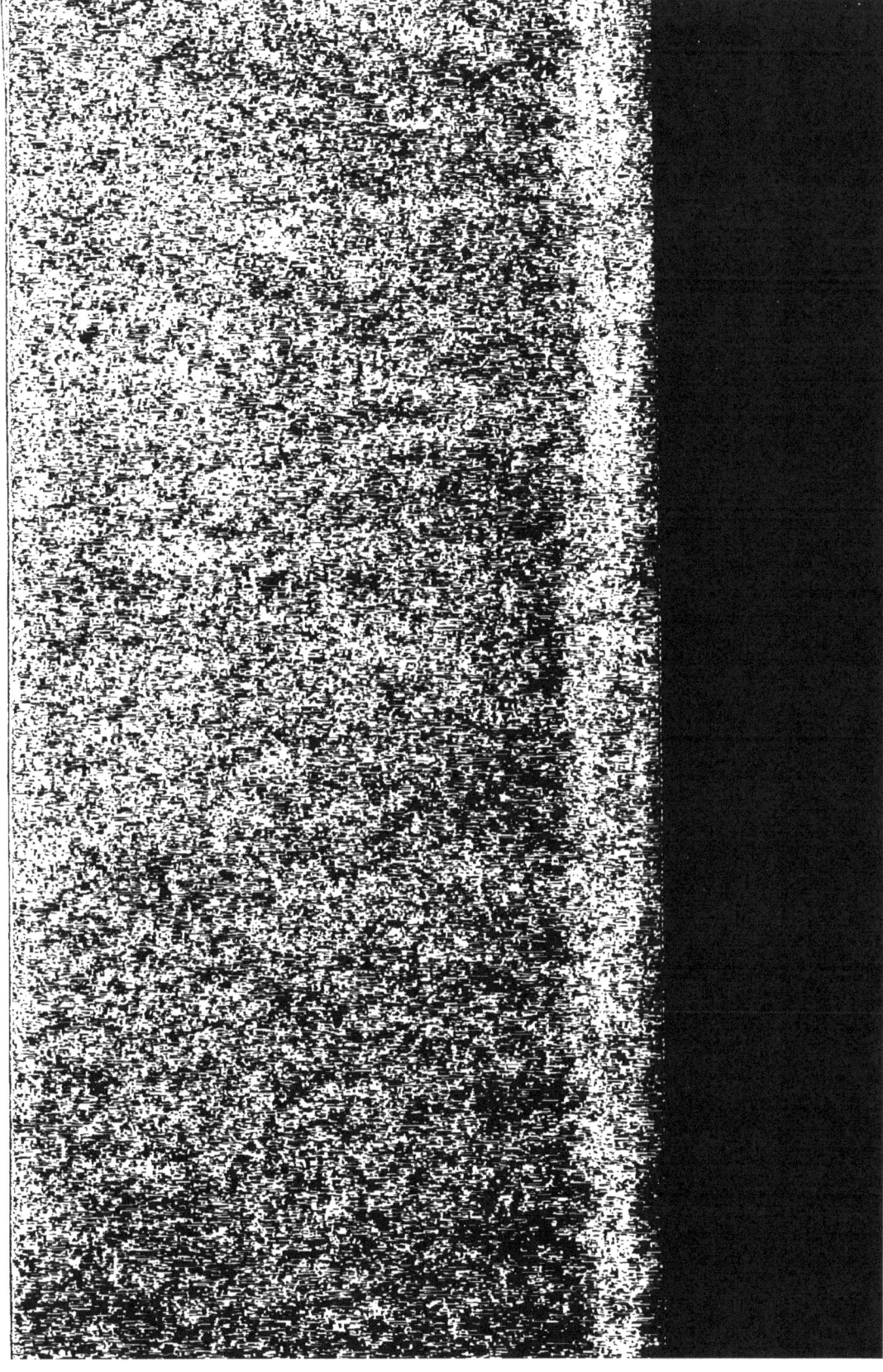

www.ingramcontent.com/pod-product-compliance
Lightning Source LLC
Chambersburg PA
CBHW070612160426
43194CB00009B/1260